I0070115

SEA SU PROPIO
SIQUIATRA

Por DOCTOR HUGO BELKIS
(CONCEPTOS EDITORIALES)

CAPITULO 1

SI SOMOS ADULTOS, ¿POR QUE A VECES ACTUAMOS COMO NIÑOS?

Si nos preguntaran cuál es nuestra mayor ambición en la vida, no hay duda de que la mayoría de los seres humanos responderíamos: "ser felices". Es probable que alcanzar la felicidad nos preocupe inclusive más que ser saludables, y así lo demuestran diferentes encuestas internacionales que se han realizado al respecto. ¿Por qué? Porque somos conscientes de que no es fácil "ser felices" en el complejo mundo que nos ha tocado vivir... dinámico, competitivo, estresante, agresivo, incierto... donde los valores morales no son siempre los que esperaríamos. No es de extrañar, pues, que con frecuencia desarrollemos conflictos emocionales que afectan nuestro comportamiento, limitándonos en muchas formas para alcanzar esa felicidad —o equilibrio emocional, si prefiere llamarlo de otra manera— que tan afanosamente buscamos.

Para resolver las dudas sicológicas que nos asaltan, podemos obtener la orientación profesional de un Sicólogo o un Siquiatra; son ellos quienes mejor pueden guiarnos para neutralizar nuestras inquietudes, temores y ansiedades. Sin embargo, también podemos encontrar la solución a muchos de nuestros problemas indagando dentro de nosotros mismos, analizándonos, identificando los factores que pueden afectar nuestro comportamiento y buscando alternativas realistas, lógicas, para solucionar las crisis emocionales que podamos confrontar. Ofrecer orientación sicológica es el propósito de **SEA SU PROPIO SIQUIATRA**, un libro que puede servirle de guía para caminar con paso decidido hacia esa meta que es tan importante para todos: ser felices. Y en sus páginas encontrará la respuesta fácil a situaciones que nos causan conflictos y que nos desorientan.

Al iniciar ese trayecto hacia el equilibrio emocional que es fundamental para todo ser humano, comienzo por decirle que:

- Muchas personas son infelices porque nunca logran superar las experiencias y emociones que vivieron en su niñez. Pretenden seguir comportándose como niños, a pesar de que ya sean adultos. Lógicamente, se trata de una actitud equivocada que —en la mayoría de los casos— nos impide alcanzar la felicidad que anhelamos.

Cualquier persona puede verse en una situación como las que describo a continuación:

- De pronto, sin saber por qué, y sin motivo aparente alguno, propinamos un manotazo sobre la mesa para manifestar la ira que nos embarga.
- Respondemos en forma descompuesta a una pregunta sin importancia que alguien nos hace, porque de alguna forma nos sentimos agredidos.
- Rechazamos, con molestia, cualquier sugerencia que se nos pueda hacer... una simple recomendación que, en cualquier otro momento, no nos hubiera importado que nos la hicieran.

Al instante de haber reaccionado en una forma abrupta, comprendemos que hemos actuado inconscientemente. ¿Qué hacemos? Casi siempre nos arrepentimos, pedimos excusas a la persona que ha provocado en nosotros una reacción que ahora calificamos de "irracional", y reprimimos nuestras emociones. Pero lo más curioso de situaciones como éstas es que no siempre logramos definir por qué nos sentimos incómodos; es decir, no sabemos por qué hemos actuado de esa forma a la que —evidentemente— no estamos acostumbrados.

Un gesto cualquiera, un tono de voz, un peinado, y hasta el diseño de una corbata pueden evocarnos —en determinadas circunstancias— una experiencia desagradable o, por el contrario, hacernos reaccionar con ternura imprevista. No comprendemos los motivos, pero se activan en nosotros emociones de rechazo o de aceptación. Reaccionamos por instinto y no nos detenemos a analizar que —en efecto— existen factores que están activando nuestro comportamiento... en una forma u otra. Sin embargo, no consideramos lógico que algo tan sencillo como una corbata, un gesto ocasional, o un peinado nos produzcan cierto grado de incomodidad o ternura.

Si analizáramos estas situaciones con el debido detenimiento, comprobaríamos que sí existen causas que justifican esa reacción inconsciente de nuestra parte. Y en este sentido, es fundamental que empecemos por aceptar un concepto fundamental:

- **Cada ser humano tiene una personalidad, un carácter, un temperamento, y una inteligencia propios.**

Es decir: cada hombre es el conjunto de todos estos elementos... MAS una serie de experiencias vividas en su pasado y que se hallan profundamente arraigadas en su subconsciente porque quedaron fijadas en él desde su más temprana infancia. Estas imágenes lo acompañan a lo largo de toda su vida, y ante un estímulo determinado, lo hacen reaccionar de una forma u otra.

¡ESAS EXPERIENCIAS DE LA INFANCIA NOS PERSIGUEN DURANTE TODA LA VIDA!

Está comprobado que las experiencias de la infancia a veces son motivo de graves conflictos y traumas en el ser humano, una vez que alcanza la adultez. Es por ello tan importante que una vez que el individuo se transforma en un ser maduro, aprenda a aceptar, comprender y superar todas esas experiencias que influyeron en su formación durante sus años infantiles, en una forma más o menos intensa. Sólo así la persona será capaz de actuar como se espera de un individuo adulto en el trato con sus semejantes. Por ejemplo:

- Un "hombre perfecto" se casa con una "mujer perfecta"; todos auguran que la unión será inmensamente feliz, porque todos los factores están a favor de la pareja; la felicidad de ésta se encuentra asegurada... aparentemente.

¿Por qué *aparentemente?* Porque la realidad es que nadie puede asegurar que esa unión será feliz: tanto ese *hombre perfecto* como esa *mujer perfecta* deben superar una serie de experiencias intensas que han vivido en sus años de formación, las cuales han dejado en ellos huellas indelebles. Me refiero a conflictos y complicaciones afectivas que, aunque probablemente no sean visibles en el comportamiento habitual del individuo, sí se hallan arraigadas en su subconsciente, influyendo en su forma de ser actual. En cualquier instante, activados por un factor determinado, se manifestarán (el manotazo dado en la mesa, la respuesta descompuesta a una pregunta intrascendente, el rechazo a una sugerencia bien intencionada... por mencionar de nuevo los ejemplos iniciales).

Es por ello tan importante que a medida que vamos madurando hagamos un esfuerzo por extraer de lo más íntimo de nuestros subconscientes todas las experiencias emocionales negativas que se encuentran almacenadas en él... y que las neutralicemos para que no emerjan en el momento en que menos lo esperemos. Considere este principio básico:

- Todas las experiencias conflictivas que hayamos podido experimentar durante nuestra más temprana infancia son las causas ocultas —por así llamarlas— que influyen en nuestra personalidad actual.

NUESTRAS EMOCIONES COMIENZAN A FORJARSE DESDE QUE ESTAMOS EN LA CUNA...

Consideremos:

- Durante nuestros primeros años de existencia somos totalmente indefensos: el bebé —ya lo sabemos— necesita de los cuidados y de la protección constante de la madre para poder sobrevivir.
- A partir de ese instante comienzan a formarse en nosotros lazos afectivos hacia aquellas personas que nos cuidan, nos protegen, y nos brindan amor. Y éstas son, principalmente, nuestros padres.
- Estos lazos se entretejen, además, con otras emociones conflictivas que el niño presencia a medida que va creciendo en su propio hogar: amor y violencia, comprensión e ira, placer y dolor, esperanza y desesperación, temor y confianza... Y por imitación, el niño aprende a reaccionar de la misma forma en que lo hacen los adultos a su alrededor. Esos adultos son sus modelos.

En otras palabras: el niño aprende a reaccionar en una forma determinada ante estas emociones y —a partir de ese momento— comienzan a desarrollarse en él patrones de conducta que, aunque no se aprecien a simple vista, más tarde influirán en su vida, sobre todo al relacionarse con otras personas que no sean sus padres o quienes le brindaron esos cuidados y esa protección esenciales para que el bebé sobreviviera.

Para que esas actitudes no influyan en nuestro carácter y no perjudiquen nuestra armonía con los demás (un factor importante que nos impide "ser felices"), es preciso desligar de nuestra existencia todas las fantasías, recuerdos negativos, penas, esperanzas, y ansiedades experimentadas durante nuestra niñez:

- Es fundamental que aprendamos a vivir sin imágenes negativas del pasado que influyan en nuestro comportamiento actual.

Para ello, es imprescindible que aceptemos los cambios inevitables que nos presenta la vida, adaptarnos a ellos (de la mejor manera posible), y no pensar tanto en lo que fuimos, sino en lo que somos ahora... en este momento. Sobre todo:

- Es imprescindible tener muy en cuenta que cada edad es diferente y que los elementos a nuestro alrededor van variando igualmente con el tiempo.

No podemos esperar los mismos cuidados amorosos que nos ofrecían nuestros padres cuando estábamos en la cuna, ni el apoyo que nos brindaban una vez que comenzamos a caminar o al enfrentarnos a nuestras primeras experiencias de inseguridad en la escuela. Todo en nuestra existencia está sometido a cambios constantes.

Además, es importante que comprendamos también que cada ser humano es único y —por lo tanto— diferente a otros. Por ello, es totalmente imposible que exista una persona igual a nuestra madre, a nuestro padre, o a nuestros hermanos y familiares más cercanos. No podemos establecer comparaciones con aquellas personas de las que dependíamos cuando no éramos capaces de valernos por nosotros mismos y teníamos que buscar apoyo en ellas. E igualmente, es esencial tener presente que esa tendencia a comparar se inicia —inconscientemente, por lo general— una vez que el individuo comienza a compartir su vida íntima con otra persona.

El error de establecer comparaciones con elementos y situaciones de nuestra niñez es grave y debe ser evitado. En las relaciones matrimoniales, por ejemplo, cada uno de los cónyuges debe aceptar al otro como realmente es en la actualidad y en las circunstancias presentes. Eso es lo que cuenta... y ésa es la meta que ambos miembros de la pareja deben lograr, aun cuando cada uno aún sienta la influencia más o menos intensa de sus años infantiles.

PARA ALCANZAR LA MADUREZ, ES PRECISO SUPERAR LAS EMOCIONES TRAUMATICAS SUFRIDAS EN LA NIÑEZ...

El individuo que ha experimentado diferentes traumas y conflictos en su niñez debe hacer un esfuerzo grande por superar esas emociones perjudiciales para ajustar su existencia a la realidad y al momento en que hoy vive, separándola de la infancia tal vez distorsionada que le tocó vivir.

Para ilustrar mejor este concepto, tomemos como ejemplo el caso de un niño con una madre que fue exageradamente protectora, que subestimó la posición del padre en el círculo familiar, y que supervisaba todos los detalles de la vida de su hijo, hasta en los momentos más íntimos. Es evidente que este niño tuvo muy pocas posibilidades de librarse sicológicamente de la influencia de esta madre posesiva. Se convierte en hombre; puede triunfar en una profesión. Pero... ¿qué sucede si decide casarse? Lo más probable es que pretenda mantener su papel de *hijito-de-mamá,* porque es ese papel el que está acostumbrado a desempeñar en la vida. Así, verá en su esposa a la madre y, por lo tanto, será el *niño-de-su-mujer*.

Este es el tipo de hombre exigente que espera de su esposa complacencia constante, y que aspira a que ella esté al tanto de sus antojos más irracionales, aun sin formularlos. Su madre lo acostumbró a ello y él se enfurece y reacciona en contra su mujer si ésta incurre en el menor fallo. Se disgusta ante cualquier detalle que él no considere perfecto, y permanece callado y taciturno por varios días para mostrar su enfado. ¡Es un hombre que actúa exactamente igual que un niño (con rabietas)... de la misma forma en que se comportaba durante los años de su infancia!

Si de esta unión nace un hijo, este tipo de *hombre-hijito* verá en su vástago a un rival, a un intruso, e inclusive a un competidor. No concibe que la atención de la esposa se pueda desviar de su persona, ni siquiera cuando ello sea necesario para atender al hijo de ambos. Desea toda la atención para sí (es a lo que está acostumbrado, evidentemente). Es fácil comprobar que, sicológicamente, este hombre depende de su mujer, de la misma manera en que antes dependiera de su madre. Y si no se esfuerza por identificar este desajuste emocional que afecta su vida presente, si no lucha por neutralizarlo con una actitud positiva y realista, no hay duda de que la situación se prolongará indefinidamente... o hasta que su matrimonio finalmente llegue a una crisis final.

SI EL NIÑO CRECIO
EN UN HOGAR HOSTIL...
¿COMO SE REFLEJA ESA SITUACION
EN SU VIDA ACTUAL?

El caso contrario es el del niño con padres despreocupados o que han sido demasiado rígidos con él durante la infancia. Debido a esta actitud en ellos, el niño probablemente creció en un ambiente francamente hostil, en el que no existía el calor de hogar, ni estímulos; donde las críticas, el abuso, y la despreocupación imperaban, llevándolo a perder su propia estimación y desarrollando una filosofía singular:

"No valgo nada, no merezco que nadie se preocupe por mí,
ni me respete, ni desee complacerme o proporcionarme felicidad. Merezco
una esposa que me trate con la misma indiferencia que mis padres".

En infinidad de casos, este desajuste emocional que se produjo en la niñez origina relaciones sadomasoquistas una vez que el individuo madura. Es decir: este tipo de individuo creará un matrimonio en el cual el objetivo principal será hacerle la vida imposible a su cónyuge.

Por otro lado, existen numerosas familias con hijos de ambos sexos, en las que por tradición impera una tendencia francamente machista: se desarrolla una especie de hábito generalizado a subestimar a las niñas y a considerar a los varones como seres superiores. Este es el caso de niños que reciben halagos y estímulos mientras que las niñas quedan relegadas a un segundo plano. De estas actitudes surge el tipo de mujer que instintivamente se rebela contra los hombres, que los rechaza y los ignora, los desprecia, les teme, los mira con recelo, e inclusive los tortura emocionalmente... ¡Es su forma de desquite ante los desmanes que pudo haber sufrido en su niñez! Cuando la niña se convierte en mujer, tal vez supere por sí misma muchos de estos conflictos y llegue a casarse. Pero es muy probable que no soporte la nueva relación de felicidad con su esposo y que ni siquiera espere a que termine la luna de miel para iniciar las batallas contra su peor enemigo inconsciente: el hombre que supuestamente ama.

¡PARA ALCANZAR LA FELICIDAD
ES PRECISO ELIMINAR
LOS CONFLICTOS DE LA NIÑEZ!

Resumiendo, podríamos afirmar que cualquier relación entre adultos (ya sea sentimental, de amistad, de trabajo, etc.) puede fácilmente fracasar a causa de experiencias negativas, traumas o conflictos que se pudieron haber desarrollado en la niñez. Aparentemente no se aprecian porque han quedado escondidas en el subconsciente por años, pero en un momento dado surgen de nuevo, y entonces motivan desavenencias y traen como resultado situaciones de conflicto, a veces insalvables. Por ello:

- Los conflictos emocionales originados en la niñez deben ser identificados y tratados en cuanto se manifiestan por medio de la sicoterapia.

Hay situaciones en los que el trastorno surgido a partir de la niñez es de dimensiones tan graves que el individuo es incapaz de iniciar y mantener relaciones armónicas con las personas a su alrededor. A veces el problema no es tan crítico, pero sí lo suficientemente importante como para crear conflictos difíciles de superar.

Todos podemos identificar si aún sufrimos de las influencias sicológicas negativas de nuestra infancia. Podemos analizar la forma en que reaccionamos y comprender cuándo actuamos como personas maduras o cuándo lo hacemos como si aún fuéramos niños. Considere estas situaciones típicas:

- Si no nos dan la razón ante una situación determinada, ¿nos enfurecemos y dejamos de dirigir la palabra a nuestro interlocutor?
- Si deseamos algo que en estos momentos es prácticamente imposible de adquirir, ¿lo exigimos como lo haría un niño (llorando y gritando, por ejemplo)?
- ¿Esperamos cuidados y atenciones exageradas de aquellas personas más allegadas a nosotros?

Todas éstas son reacciones infantiles, exentas de madurez. Son conductas y actitudes que —evidentemente— no han variado desde nuestra infancia, y son las que tenemos que reconocer y las que debemos esforzarnos por superar. Esta es la única forma en que podemos llegar a considerarnos personas maduras, capaces de reaccionar en una forma responsable y lógica ante las situaciones que nos presenta la vida. Si el individuo no logra superar sus actitudes infantiles por sí mismo, deberá someterse a sí mismo a una introspección más profunda. No hay curas milagrosas para superar nuestros conflictos, pero si sabemos reconocer nuestros errores y somos honestos con nosotrosmismos, superaremos muchas de las actitudes y conceptos equivocados que mantenemos y que nos impiden alcanzar la madurez imprescindible para lograr relaciones armoniosas con las demás personas a nuestro alrededor.

CAPITULO 2

¿CUAL ES
SU PERSONALIDAD?

Es usted extrovertido o introvertido? ¿Objetivo o intuitivo? ¿Pensador o sensible? ¿Analítico o perceptivo? Al comenzar a leer este libro, es importante que identifique cuál es su personalidad. Para ello, responda a las preguntas en cada una de estas categorías, y llegue a una conclusión. Seguidamente, considere las respuestas a cada categoría y determine cómo es usted en verdad. Esta evaluación sicológica inicial puede ayudarle a buscar un equilibrio emocional más estable en el ambiente en que se desenvuelve habitualmente.

Aunque no crea en la Astrología, lo más probable es que esté consciente de que las características de la personalidad varían considerablemente de un individuo a otro. ¿Sabe exactamente cómo es la suya...? ¿Está consciente de cuál es el medio en el que usted funciona mejor? ¿Quiénes son las personalidades más afines con la suya? ¿Sabe cómo va a reaccionar ante las diferentes situaciones que se le presenten en la vida? ¿Ha identificado el tipo de personas que lo estimulan más...? En este segundo capítulo le ofrecemos un cuestionario que le permitirá familiarizarse con las diferentes dimensiones de su personalidad, y los factores que hacen que usted sea como es. Considere que la Sicología actual ha definido cuatro dimensiones y dieciséis tipos diferentes de personalidad. Este test —que hemos dividido en dos partes, A y B— será una guía fácil que lo aproximará a los secretos de su carácter, muchos de los cuales hasta es probable que aún no haya identificado.

A
¡IDENTIFIQUE CUAL
ES SU DIMENSION

Al responder cada pregunta, recuerde que su comportamiento debe ubicarse en una situación común, de todos los días. Como podrá comprobar, cada afirmación es seguida por una letra. Al final de cada una de las cuatro secciones, compruebe cuál es la letra que ha escogido con mayor frecuencia y escríbala en el espacio correspondiente. Tenga en mente que las dimensiones son categorías generales y que —en algunos casos— su comportamiento puede ir de un extremo a otro de cada categoría, cada una de las cuales expresa más bien las generalidades. Además, recuerde que ninguna opción es mejor que la otra.

1
¿SOY EXTROVERTIDO (E)
O INTROVERTIDO (I)?

✔ Disfruto estar con otras personas, desde luego… pero, ¿qué me proporciona más energía?
( ) Interactuar con muchas personas, concentrándome en las cosas que me rodean. (E)
( ) Estar solo, concentrándome en mis propios pensamientos e ideas. (I)

✔ ¿Qué puede hacer una velada más interesante?
( ) Hablar con varias personas acerca de una amplia variedad de temas. (E)
( ) Hablar con una sola persona, en profundidad, durante la velada. (I)

✔ Me siento más comprometido y alerta cuando trabajo:
( ) En varios proyectos a la misma vez. (E)
( ) Centro mi atención en una sola tarea. (I)

✔ Cuando me enfrento a una nueva experiencia, lo más probable es que:
( ) La emprenda de inmediato, y después piense en ella. (E)

( ) Espere, observe, y piense primeramente; después participe de ella. (I)

✔ Mis amigos y compañeros de trabajo me describirían como:
( ) Una persona amigable y abierta, fácil de entablar relación. (E)
( ) Una persona tranquila, que por lo general prefiere vivir sus experiencias por sí mismo. (I)

- **EXTROVERTIDOS (E):** Canalizan su energía hacia el exterior, hacia las cosas y las personas fuera de ellos. Suelen ser personas activas, expresivas, sociables, y muestran interés por muchas cosas simultáneamente.
- **INTROVERTIDOS (I):** Dirigen la energía hacia adentro, hacia sus propios pensamientos, percepciones y reacciones. Suelen ser más privados y cautelosos; están menos interesados en establecer relaciones con elementos del mundo exterior. Su concentración y nivel de profundidad es mayor que en el caso de los extrovertidos.

Cuente ahora el número de respuestas **E** e **I** marcadas en el cuestionario anterior. De acuerdo con la mayoría de sus respuestas, circule una de las dos categorías:

Probablemente soy:
EXTROVERTIDO (E)   o   INTROVERTIDO (I)

2
¿SOY OBJETIVO (O)
O INTUITIVO (I)?

✔ Al trabajar en un proyecto, mi primera inclinación es a:
( ) Observar y evaluar los hechos, los detalles, y las realidades. (O)
( ) Explorar e imaginar las relaciones que pudieran existir, los significados subyacentes, y sus implicaciones. (I)

✔ La mayoría de mis amigos me describirían como:
( ) Una persona directa y sensata. (O)
( ) Una persona imaginativa y creativa. (I)

✔ A la hora de tomar una decisión, confío sobre todo en:

( ) Mi propia experiencia en situaciones similares vividas anteriormente, así como en cualquier otra evidencia tangible. (O)

( ) Mis instintos y mis presentimientos; confío siempre en mi intuición. (I)

✔ En un momento dado, lo más probable es que esté:

( ) Vinculado al presente; es decir, al momento que estoy viviendo y al lugar donde estoy. Considero que concentro todos mis sentidos en lo que estoy haciendo. (O)

( ) Soñando e imaginando cómo podrían ser las cosas en un futuro. (I)

✔ Mi primera reacción ante las nuevas ideas y teorías es:

( ) Mostrarme escéptico. Aprecio los nuevos conceptos sólo si tienen algún uso práctico. (O)

( ) Me gustan los nuevos conceptos; estoy siempre abierto a las innovaciones. (I)

- **OBJETIVOS (O):** Son individuos que al instante detectan los detalles y las realidades del mundo en que se desenvuelven. Aunque pueden ser creativos, suelen ser prácticos y directos. Confían en las experiencias vividas en el pasado, porque están conscientes de que constituyen una magnífica referencia para actuar en el presente y en el futuro. Por lo general tienen un sentido común muy arraigado.

- **INTUITIVOS (I):** La intuición los guía. En todas las situaciones que se producen a su alrededor, buscan las relaciones que puedan existir entre los hechos, y el significado de la información que reciben. Son individuos que tienden a ser imaginativos. Confían en sus presentimientos, en las primeras impresiones, y se enorgullecen de su creatividad.

De acuerdo con el número de respuestas **O** ó **I** que haya marcado en el cuestionario anterior, determine:

Probablemente soy una persona:
OBJETIVA (O) o INTUITIVA (I)

3
¿PIENSO (P)
O SIENTO (S)?

✔ Cuando escucho una crítica constructiva, ¿cuál suele ser mi reacción natural?
( ) No me molestan las críticas personales. (P)
( ) No me gustan las críticas personales. (S)

✔ ¿En qué baso la mayoría de mis decisiones?
( ) En un equilibrio objetivo de los pros y los contras. (P)
( ) En lo que yo sienta en relación con el tema y cómo afecte a los demás; baso siempre mis decisiones en lo que considere que es lo más adecuado. (S)

✔ En mis relaciones, es más importante para mí ser:
( ) Directo y honesto, aun si en ocasiones lastimo a alguien por mi manera de ser. (P)
( ) Gentil y cauteloso, aun cuando en ocasiones disimule un tanto la verdad. (S)

✔ Cuando un amigo me está tratando de convencer para que haga algo, ¿cuál es el enfoque mejor que puede emplear para que yo acepte?
( ) Esgrimir un argumento lógico e impecable. (P)
( ) Ser sincero y emotivo. (S)

✔ Me sentiría más halagado si me describieran como:
( ) Una persona que sabe negociar, de pensamiento analítico, y que toma decisiones independientemente de la opinión de los demás. (P)
( ) Un individuo que coopera, que es compasivo y sensible a los sentimientos y emociones de los demás. (S)

- **PENSADORES (P):** Toman la mayoría de las decisiones de una manera objetiva e impersonal, considerando lo que es lógico y tiene sentido. Suelen ser individuos analíticos; sólo se convencen cuando se esgrimen ante él razonamientos lógicos.
- **SENSIBLES (S):** Sus decisiones están basadas en sus valores personales. En todo momento buscan la armonía y el equilibrio,

aunque para lograr esta meta a veces tengan que sacrificar sus convicciones.

De acuerdo con el número de respuestas **P** ó **S** marcadas, determine:

Probablemente soy:
PENSADOR (P) o SENSIBLE (S)

4
¿SOY ANALITICO (A)
O PERCEPTIVO (P)?

✔ Cuando debo tomar una decisión, el proceso suele ser:
( ) Rápido y fácil; generalmente confío en las elecciones que hago. (A)
( ) Lento y difícil; algunas veces me arrepiento de las decisiones que tomo. (P)

✔ En los fines de semana o durante las vacaciones, lo más probable es que:
( ) Prepare y siga un itinerario previamente trazado. Prefiero que todo esté coordinado y decidido de antemano. (A)
( ) Deje el programa abierto para poder responder ante cualquier situación imprevista. (P)

✔ En un grupo, me siento más complacido cuando:
( ) Soy yo quien asume el mando y controla la situación. (A)
( ) Sigo a los demás y dejo que otros tomen las decisiones por mí. (P)

✔ En cuanto a la hora, ¿qué se aplica mejor a mi personalidad?
( ) Estoy siempre muy consciente de la hora; considero que soy una persona puntual. (A)
( ) Con frecuencia, no tengo noción del tiempo; casi siempre llego tarde a mis citas. (P)

✔ En el trabajo o en la casa, suelo ser:
( ) Muy organizado. (A)

( ) Flexible; admito que me cuesta trabajo ser organizado. (P)

- **ANALITICOS (A):** Estos individuos prefieren un medio estructurado, ordenado y predecible; basándose en el análisis de los factores en determinada situación es que toman sus decisiones. Son personas organizadas y altamente productivas.
- **PERCEPTIVOS (P):** Prefieren experimentar y explorar nuevas posibilidades en el ambiente en que se desenvuelven; les gusta mantener abiertas sus opciones y les es cómodo adaptarse a circunstancias imprevistas. Tienden a ser flexibles, curiosos, y —por lo general— son individuos que nunca están conformes.

De acuerdo con las respuestas **A** ó **P** que haya marcado en el cuestionario anterior, determine:

Probablemente soy:
ANALITICO (A) o PERCEPTIVO (P)

B
¿CUAL ES SU PERSONALIDAD?
¡REUNA AHORA
LA INFORMACION OBTENIDA
DE LAS DIMENSIONES ANTERIORES!

Anote las cuatro letras en las conclusiones a las que haya llegado en las categorías anteriores. El código compuesto por las cuatro letras representa a uno de los dieciséis tipos de personalidad.

A continuación le ofrezco la descripción de cada uno de estos tipos:

PERSONALIDAD 1
E O P A
(EXTROVERTIDO, OBJETIVO, PENSADOR, ANALITICO)

Características: Son individuos enérgicos, amistosos, abiertos, honestos, algunas veces atrevidos. Productivos, organizados, responsables, eficientes. Realistas; saben tomar decisiones, y no se arrepienten de ellas.

Optimas condiciones de desarrollo: Quieren que los demás sean precisos y racionales.

PERSONALIDAD 2
I O P A
(INTROVERTIDO, OBJETIVO, PENSADOR, ANALITICO)

Características: Son cautelosos, conservadores, diligentes, tranquilos. Laboriosos, cuidadosos con respecto a las responsabilidades que asumen. Pueden ser calificados de precisos, honestos y realistas.

Optimas condiciones de desarrollo: Quieren que los demás sean directos y que no arriben a conclusiones ilógicas. Necesitan tiempo para pensar, sobre todo si se trata de asuntos que afecten sus sentimientos y emociones.

PERSONALIDAD 3
E O S A
(EXTROVERTIDO, OBJETIVO, SENSIBLE, ANALITICO)

Características: Son activos, amistosos, enérgicos. Afectivos y habladores. Conscientes y realistas. Organizados, de valores tradicionales y conservadores.

Optimas condiciones de desarrollo: Responden mejor a aquellas personas que por lo general no cambian su manera de pensar. Expresan con facilidad sus sentimientos hacia otras personas.

PERSONALIDAD 4
I O S A
(INTROVERTIDO, OBJETIVO,
SENSIBLE, ANALITICO)

Características: Son cautelosos, amables. En determinados momentos, son vacilantes ante las personas que les son extrañas. Realistas, de alta objetividad. Recuerdan con sorprendente detalle todas sus experiencias. Diligentes y conscientes de lo que hacen.

Optimas condiciones de desarrollo: Estos individuos desean rodearse de personas en las que puedan confiar, que sean dedicadas y que reciproquen sus sentimientos. Para ellos, las promesas son sagradas. Quieren que los demás sean considerados y sencillos.

PERSONALIDAD 5
E O P P
(EXTROVERTIDO, OBJETIVO,
PENSADOR, PERCEPTIVO)

Características: Son activos, aventureros, impulsivos. Habladores, curiosos, muy observadores; de fácil adaptación y espíritu libre. Poseen un gran sentido del humor, y les gusta divertirse.

Optimas condiciones de desarrollo: Quieren que los demás sean directos, que no se tomen las situaciones muy en serio.

PERSONALIDAD 6
I O P P
(INTROVERTIDO, OBJETIVO,
PENSADOR, PERCEPTIVO)

Características: Son muy lógicos, pragmáticos, tranquilos, autónomos. Realistas y solitarios. Curiosos por el mundo que les rodea. Imaginativos.

Optimas condiciones de desarrollo: Permanecen objetivos y desapasionados; se resisten a mostrar sus sentimientos y emociones a personas que no pertenecen a su mundo (altamente exclusivo y cerrado).

PERSONALIDAD 7
E O S P
(EXTROVERTIDO, OBJETIVO,
SENSIBLE, PERCEPTIVO)

Características: Son individuos cálidos, sociables, impredecibles, impulsivos, curiosos, y muy generosos.

Optimas condiciones de desarrollo: Les gustan las personas que son dadas a la diversión. Son amigos fieles, complacientes.

PERSONALIDAD 8
I O S P
(INTROVERTIDO, OBJETIVO,
SENSIBLE, PERCEPTIVO)

Características: Son personas amables, fieles y afectivas con quienes conocen bien. Flexibles, directas. Les hieren las críticas. Es el más paciente de todos los tipos de personalidad clasificados en este *test*.

Optimas condiciones de desarrollo: Les gusta que respeten su privacidad, saben escuchar. Se emocionan ante pequeños gestos.

PERSONALIDAD 9
E I P A
(EXTROVERTIDO, INTUITIVO,
PENSADOR, ANALITICO)

Características: Son amigables, voluntariosos, líderes naturales, honestos, lógicos y exigentes consigo mismos y con los demás. Innovadores; les gustan los grandes desafíos.

Optimas condiciones de desarrollo: Aprecian más a aquéllos que son honestos y directos en su forma de manifestarse.

PERSONALIDAD 10
I I P A
(INTROVERTIDO, INTUITIVO, PENSADOR, ANALITICO)

Características: Este es el más independiente de todos los tipos de personalidades aquí descritas. Son individuos complejos, imaginativos, muestran curiosidad intelectual. Críticos, analíticos y muy lógicos.
Optimas condiciones de desarrollo: Son cautelosos y reservados. Gustan de las amistades independientes.

PERSONALIDAD 11
E I P P
(EXTROVERTIDO, INTUITIVO, PENSADOR, PERCEPTIVO)

Características: Son amigables, encantadores, abiertos. Ingeniosos, lógicos.
Optimas condiciones de desarrollo: Disfrutan conocer a todo tipo de personas. Carismáticos. Prefieren rodearse de individuos de mente abierta y que sean seguros de sí mismos.

PERSONALIDAD 12
I I P P
(INTROVERTIDO, INTUITIVO, PENSADOR, PERCEPTIVO)

Características: Son callados, independientes, muy privados. Encuentran soluciones originales a problemas complejos. Curiosos, desapasionados, inconformes; se adaptan con facilidad.
Optimas condiciones de desarrollo: Necesitan tiempo para pensar; prefieren involucrarse en conversaciones que sean profundas.

PERSONALIDAD 13
E I S A
(EXTROVERTIDO, INTUITIVO,
SENSIBLE, ANALITICO)

Características: Son amigables, abiertos, diplomáticos, hábiles en las comunicaciones, afectivos, y delicados. Enérgicos y productivos.

Optimas condiciones de desarrollo: Gustan que le respeten sus sentimientos; prefieren expresar sus sentimientos verbalmente. Tienden a idealizar sus relaciones.

PERSONALIDAD 14
I I S A
(INTROVERTIDO, INTUITIVO,
SENSIBLE, ANALITICO)

Características: Creativos, originales, independientes, amantes de la integridad personal.

Optimas condiciones de desarrollo: Gustan de las discusiones serias y profundas. Les conmueve que los amigos traten de entender sus conceptos, a veces muy complejos.

PERSONALIDAD 15
E I S P
(EXTROVERTIDO, INTUITIVO,
SENSIBLE, PERCEPTIVO)

Características: Entusiastas, habladores; por lo general tienen muchos amigos. Inteligentes y curiosos. Sensibles y habilidosos, aunque un tanto desorganizados.

Optimas condiciones de desarrollo: Prefieren rodearse de personas que sean afines a ellos. Casuales. También prefieren expresar sus sentimientos con acciones más que con palabras. Les gusta reírse de las situaciones que presenta la vida (inclusive las más dramáticas), y por ello se sienten mejor entre aquéllos que saben apreciar su sentido del humor.

PERSONALIDAD 16
I I S P
(INTROVERTIDO, INTUITIVO, SENSIBLE, PERCEPTIVO)

Características: Son personas reservadas y amables. Idealistas por naturaleza, muy apasionadas. Creativas e imaginativas. Inflexibles en sus valores; no cambian fácilmente de opinión.

Optimas condiciones de desarrollo: Antes de abrir sus corazones y sentir que son vulnerables, a estas personas les es fundamental estar convencidas de que los sentimientos de los individuos a su alrededor son genuinos. Temen al fracaso, y son verdaderos guardianes de sus emociones.

CAPITULO 3

¿SE EXIGE...
DEMASIADO?

A veces podemos convertirnos en nuestros peores enemigos... y una de las formas más frecuentes es auto-criticándonos severamente por todo lo que hacemos, y tratando de alcanzar —de una manera inflexible— esa perfección que no existe. Considere:

- Si somos demasiado exigentes con nosotros mismos, no solamente nos sentiremos invariablemente frustrados y deprimidos, sino que haremos igualmente infelices a las personas a nuestro alrededor.

En este capítulo le ofrezco diferentes formas efectivas para curar esta actitud negativa que tantos conflictos sicológicos nos causa. Analicemos un caso de la vida real para comprender mejor hasta qué punto nos afecta el ser demasiado exigente con uno mismo:

A pesar de que a los 33 años de edad Aurora había llegado a ser una eficiente secretaria ejecutiva, cada vez que cometía un error, por muy insignificante que éste fuera, repetía las mismas palabras: "¡Qué estúpida soy!". Un día, al derramar accidentalmente su taza de café sobre el escritorio y arruinar los papeles que estaban sobre el mismo, Aurora volvió a llamarse "estúpida"... sólo que esta vez lo hizo delante de una antigua compañera de trabajo que en varias oportunidades había elogiado la amabilidad y paciencia con la que ella invariablemente trataba a los demás. Asombrada ante una crítica tan severa hacia sí misma, su amiga la reprochó: "Nunca te oído hablarle así a otra persona. ¿Por qué eres, entonces, tan dura contigo misma...? ¿Por qué eres tan exigente contigo misma, si sólo se trata de un accidente que no tiene en realidad mayor importancia...?

El comentario de su compañera de trabajo hizo que Aurora reflexionara con respecto a su actitud y comportamiento. Sí, era cierto que constantemente se estaba sometiendo a la autocrítica y que, en efecto, era en extremo severa consigo misma. Pero... ¿por qué era así? ¿Qué factores podrían haber contribuido a desarrollar ese comportamiento evidentemente autodestructivo que estaba devorando su autoestimación de una manera progresiva...? ¿Conseguiría alguna vez silenciar a ese severo juez que llevaba arraigado en su interior y comenzar a tratarse a sí misma con la misma amabilidad e indulgencia con que trataba a los otras personas...?

¡LA AUTO-CENSURA CONSTANTE PUEDE SER MUY DAÑINA!

Tomar consciencia de lo exigentes que somos con nosotros mismos es, sin duda, devastador; pero este reconocimiento no es lo único que puede afectarnos, ya que también es preciso tomar en consideración las consecuencias negativas que el propio hábito de la constante autocensura puede ocasionar en nuestra autoestimación. De acuerdo con los especialistas que se han dedicado a estudiar los efectos de la autocrítica:

- Lo que una persona conscientemente piensa sobre sí misma puede acabar determinando cómo se siente y se comporta en realidad.

Por eso, pensar lo peor sobre nosotros mismos, inevitablemente provocará que nos sintamos muy mal... y no solamente con nosotros mismos, sino con la vida en términos generales. Mientras que es perfectamente normal que nos critiquemos ocasionalmente (lo merezcamos o no), la autocensura constante e implacable puede ser extremadamente dañina. Además de destruir con la autoestimación, este hábito también puede generar:

- **Relaciones no saludables con las personas a nuestro alrededor.** Una persona que está acostumbrada a autocensurarse puede involucrarse en una relación afectiva enfermiza o abusiva. Su pareja o sus amigos pueden llegar a tratarla tan cruelmente como ella se trata a sí misma; después de todo, resulta evidente para todos que ella no cree merecer algo mejor.
- **Estancamiento intelectual y social.** La autocrítica puede tener un efecto paralizante sobre la vida profesional y social de la persona que desarrolla este hábito negativo. ¿Por qué aceptar un proyecto que represente un reto, o aventurarse en una nueva situación social, cuando de antemano usted sabe que es propenso a fracasar o a sufrir horas de autocensura por considerar que ha hecho algo mal?

- **Pesimismo y negativismo.** Las personas que se autocritican severamente tienden a personalizar todos los problemas. Por ejemplo: cuando Aurora —la protagonista del ejemplo— derramó la taza de café sobre su escritorio, tomó como algo personal un accidente que pudo haberle ocurrido a cualquier otra persona. Es decir, ella consideró que su accidente no se debió a un "movimiento estúpido" (por emplear su misma terminología), sino que ella era la "estúpida". Su respuesta fue culparse de una manera extrema, permanente y penetrante. Con el tiempo, esta tendencia a la autocrítica constante suele retornar a las personas pesimistas y a desarrollar una actitud negativa hacia la vida en general.
- **Depresión.** Una vez que una persona se encuentra sobre la resbaladiza cuesta de la autocensura severa y constante, será relativamente fácil para ella caer en estados depresivos... si ya no padece de depresión crónica. Hay diferentes grados de depresión, y la autocrítica pudiera ser, además de un síntoma de este trastorno, una ligera forma crónica de él.

¿QUE FACTORES PREDISPONEN A UNA PERSONA A CAER EN LA AUTOCRITICA CONSTANTE?

Cualquier error o desengaño que podamos experimentar, invariablemente hace saltar un interruptor mental que casi instantáneamente desata un sentimiento de censura y hasta de rechazo y odio hacia nosotros mismos. Aunque la mayor parte de las personas logra recuperarse rápidamente de este mecanismo, aquéllas que son dadas a la autocrítica destructiva quedan atrapadas en sus efectos, y no logran salir del pozo de la desesperación en que se hallan atrapados.

Aunque los investigadores no están completamente seguros acerca de cuáles son las razones que provocan que algunas personas sean tan particularmente exigentes consigo mismas, sí han observado una serie de factores que pueden activar este tipo de actitud. Entre ellos puedo mencionarle los siguientes:

1. Un padre (o madre) extremadamente exigente y crítico. Muchas personas que son dadas a la autocrítica de una manera desproporcionada e implacable, usualmente han tenido un padre (o una madre, el sexo no es lo importante en situaciones de este tipo) que en lugar de ser tolerante y capaz de perdonar los errores cometidos por sus hijos, era muy exigente, crítico, y capaz de imponer castigos (muchas veces injustos). Eso fue justamente lo que ocurrió con Aurora: hija de un hombre exigente y perfeccionista; ella y su hermana crecieron bajo la continua lluvia de sus exigencias y observaciones negativas, ya que quería que "mis hijas sean perfectas".

Este padre —tal vez con las mejores intenciones— constantemente criticaba la ropa que usaban las niñas, su pelo, su manera de expresarse. "Hasta una respuesta equivocada durante un juego era razón suficiente para recibir la censura de mi padre", recuerda hoy Aurora. "Ante toda la familia, él simplemente me decía: ¡Qué respuesta tan estúpida!'... y lo hacía con un tono de voz que lastimaba, como si estuviera utilizando un cuchillo afilado". Los especialistas consideran que en casos como los de Aurora, cuando la persona se llama a sí misma "estúpida" (o "tonta", o "negligente", o "descuidada"... el término negativo empleado no es tan importante) es el eco de la voz de ese padre exigente la que continúa sonando en su mente.

2. El imponerse metas demasiado altas... y tratar de cumplirlas con rapidez excesiva. Algunas personas dadas a la autocrítica severa no recuerdan haber sido censurados por sus padres durante su niñez. En realidad, más bien aseguran haber sido halagados por sus logros y progresos, los cuales parecieron colmar las expectativas de sus progenitores. Hacer bien las cosas se convirtió en parte de su identidad, pero muchos de ellos decidieron seguir subiendo la barra de las exigencias a niveles cada vez más elevados... y muchos también trataron de alcanzarlas cada vez con una mayor rapidez.

Esta variedad de autocríticos son personas que se plantean metas demasiado altas. Piensan, por ejemplo: "Yo sólo soy inteligente si obtengo calificaciones excelentes en todas las asignaturas que estudio"... o "yo sólo soy aceptable si soy el más popular de toda la clase"... o "sólo soy eficiente si logro el salario más elevado de la empresa para la cual trabajo". Para los niños y adolescentes, que tienden a ver las cosas exclusivamente en blanco y negro (sin tonos grises... o términos medios), estos pensamientos condicionados pueden preparar el escenario para una vida entera de autocrítica y autocensura.

3. El sexo. El escenario para la autocrítica severa también pudiera haber estado preparado desde el nacimiento, influido por el sexo de la persona que desarrolla esta actitud negativa. Lo mismo que la depresión, la autocrítica severa parece afectar más a las mujeres que a los hombres. Criadas para "ser amables" y "agradar siempre", las mujeres han sido históricamente alentadas a plantearse metas que son casi imposibles de alcanzar, para de esta forma lograr "ser buenas en todo momento y de cualquier manera". Los hombres, en cambio, siempre han sido mucho más libres e indulgentes con ellos mismos. No resulta sorprendente, pues, que las investigaciones demuestren que los varones aceptan sus fracasos de una manera diferente: mientras que los niños son más propensos a decir "eso era una tarea muy dura", las niñas son más dadas a culparse a sí mismas, llamándose injustamente "estúpidas", "tontas" e "incapaces". De la misma manera, cuando los hombres alcanzan un logro profesional, casi siempre tienden a acreditarlo a su talento o a sus conocimientos; en el caso de las mujeres, éstas por lo general atribuyen su éxito "a la suerte".

SI UNO SE VUELVE EXIGENTE CONSIGO MISMO... ¡SERA EXIGENTE CON TODO!

El estilo condenatorio (es decir, el definirse a uno mismo como "estúpido" en lugar de atribuir cualquier fallo a la dificultad de la tarea o a cualquier otra razón) es la esencia de la autocrítica destructiva. Pero los efectos negativos que este estilo puede provocar muchas veces se extienden más allá de la persona que lo utiliza, provocando un fenómeno que los especialistas definen como el "efecto de dominó". Por ejemplo: cada vez que Susana R., una exitosa vendedora de una cadena de radio local, se mira en el espejo del gimnasio al que asiste, siente "asco" (el término que emplea) de la celulitis que la afecta. A partir de este momento, todo comienza a confundirse en su panorama emocional. Si de regreso a su casa tiene un problema con su hijo pequeño, entonces ella piensa que ha fracasado completamente como madre. Y si su esposo maneja equivocadamente una situación determinada, ya no sólo piensa que ella es "una idiota", sino que también se ha casado con "un idiota", y que ambos llevan "una vida de perdedores", criando a un niño que es "un fracaso". En otras palabras: se desencadena una serie incontrolable de emociones que son totalmente negativas.

Para aquéllos que son atrapados en esta letanía de autocrítica es como si en sus cerebros se quedara encerrada la idea constante del fracaso, sin la más mínima posibilidad de escapatoria. Algunos sicólogos comparan este fenómeno con lo que ocurre cuando se es mordido por un perro: la persona puede comenzar a sentir temor hacia todos los perros, generalizando que "todos los perros son peligrosos". La misma situación puede presentarse en el caso de la autocrítica: si usted experimenta un incidente desafortunado y el fallo lo afecta, es muy posible que comience a ver fracasos en todo... y hasta a involucrar o contagiar a sus seres más cercanos con sus formas de percepción.

Interesantemente, la persona que se llama a sí misma "idiota" o que se considera "fracasada" puede parecerle todo lo contrario a las realidades del mundo externo:

- La pugna entre el éxito externo y el dolor interno es típica de las personas que son dadas a la autocrítica destructiva, y tienden a compensar su inseguridad esforzándose aún más en su trabajo, tratando de alcanzar las metas que (consciente o inconscientemente) se han propuesto en la vida.

Es cierto que la autocrítica puede ser un potente agente motivador en nuestro comportamiento, pero sólo hasta un punto:

- A corto plazo, y con la debida proporción, la autocrítica puede ser un estímulo para lograr un rendimiento mayor en todo lo que se hace.
- Ahora bien, si se convierte en un hábito, entonces puede terminar minando la vida de una familia entera... y destruyéndola, en muchos casos. Dependiendo de la frecuencia y severidad de su autocrítica, hasta la persona más exitosa y competente puede terminar cayendo en el estancamiento y la depresión, además de experimentar muchos otros conflictos emocionales.

Aunque parezca imposible, la autocrítica destructiva sí puede ser interrumpida. Usted puede aprender a comenzar a criticar saludablemente sus acciones y responder con una mayor indulgencia ante las exigencias que le haga ese severo juez que lleva arraigado en su interior. ¿Cómo? El siguiente plan de tres pasos le ayudará a lograrlo; tenga en cuenta que mientras mejor controle sus auto-exigencias, ¡mejor se sentirá!

UN PLAN DE TRES PASOS PARA CAMBIAR EL PATRON DESTRUCTIVO DE LA AUTOCRITICA

PRIMER PASO

El primer paso —probablemente el más importante para lograr romper el dañino hábito de la autocrítica— es aumentar su nivel de alerta hacia el problema, el cual podría haberse convertido en una peligrosa reacción refleja inconsciente.

- Algunos sicólogos sugieren que cuando usted se vea atrapado en una etapa de autocrítica feroz, inmediatamente detenga sus pensamientos. No permita que su mente continúe encerrada en el mismo círculo vicioso; en su lugar, concéntrese en tratar de responderle a ese severo juez interior que se muestra tan inflexible ante su conducta.
- Otros especialistas ofrecen una herramienta aún más poderosa: lleve siempre consigo un contador de bolsillo, y apriételo cada vez que compruebe que se está autocriticando. Esto le ayudará a reconocer la frecuencia con la que usted se autocensura y —al mismo tiempo— lo importante que es el que tome medidas inmediatas para erradicar este hábito dañino.

SEGUNDO PASO

Una vez que esté alerta sobre el problema de autocrítica que le está afectando, recuérdese cada vez que se critique que su percepción podría ser (y probablemente lo es, de alguna manera) distorsionada.

TERCER PASO

Por último, analice toda la evidencia de que disponga para determinar si su autocrítica es válida; pero asegúrese de diferenciar los hechos reales de lo que su mente y sus emociones han creado. Sus sentimientos pueden engañarle y hacerle sentir que lo que usted ha hecho es peor de lo que en realidad es.

Una buena técnica para separar la realidad de la ficción es conocida entre los sicólogos como "las tres ventanas de la percepción". Por ejemplo:

- Usted cenó con un nuevo amigo el mes pasado, pero desde entonces no ha vuelto a saber de él.
- Probablemente piensa: "No le intereso; seguramente considera que soy una persona aburrida".

Pero antes de dar por definitivas sus ideas, analice la situación empleando las siguientes tres ventanas:

- **Ventana 1:** Esta ventana contiene sólo los hechos reales: un amigo vino a cenar y, desde entonces, usted no lo ha llamado, ni él lo ha llamado a usted.
- **Ventana 2:** Incluya aquí su propia percepción acerca de lo ocurrido; es decir, la situación peor, la cual ya fue descrita arriba.
- **Ventana 3:** Esta última ventana abarca los millones de razones que pueden haber provocado que usted no haya sabido nada más de su amigo: él está muy atareado con su trabajo; es terriblemente tímido y no se atreve a repetir la invitación; no tiene dinero y está apenado de no poder devolverle el mismo tipo de invitación; es distraído y siempre espera que las otras personas lo llamen, etc. El objetivo de *las tres ventanas de la percepción* es reconocer que hay por lo menos tres maneras diferentes de explicar un fallo o frustración, aunque usted y muchas otras personas solamente se concentren en la ventana que les ofrece la peor luz.

No hay duda de que usted tendrá que librar una batalla difícil para poder vencer su tendencia a la autocrítica destructiva; pero tomar acción es el único medio con que cuenta para probar que su voz interior estaba incorrecta. ¡Inténtelo... y no se arrepentirá!

OTRAS ESTRATEGIAS EFECTIVAS
PARA COMBATIR
LA AUTOCRITICA DESTRUCTIVA

- **¡COMPARESE!** Trate de alcanzar la perspectiva adecuada al compararse con cada persona que conoce. Si usted está constantemente llamándose "estúpido" y considerándose "un fracasado", analice su nivel de inteligencia comparándose con el de otras personas que le pasen por delante. Con satisfacción comprobará que, en muchos casos, usted resultará el ganador.

- **COLOQUE A UN AMIGO EN SU LUGAR.** Imagine qué le diría usted a uno de sus amigos si lo descubre llamándose "idiota" por haber derramado el café sobre la mesa de comer o por haber olvidado las llaves en el interior del automóvil. Por lo general, nosotros somos más tolerantes y más dados a perdonar en nuestros juicios a las demás personas que cuando nos enjuiciamos a nosotros mismos. Por tanto, practique extender ese mismo nivel de amabilidad que usted tendría con un amigo hacia sí mismo.

- **¡TOME NOTA DE SUS LOGROS!** Anote en un papel todo lo que usted hace que pueda probar que es competente y que sus valores son muchos. En un tiempo determinado, no tendrá otra alternativa que reconocer y creer en sus propios méritos; por lo menos habrá compilado una amplia evidencia con la cual podrá probar que esa voz interna que lo condena y menosprecia está incorrecta.

- **SUSTITUYA LA VOZ DE SU JUEZ INTERIOR POR SU VOZ ADULTA, SALUDABLE.** Para lograr silenciar la voz de su severo juez interior, usted necesitará crear otra voz adulta, saludable, que le recuerde que el haber cometido un error no significa que usted sea "estúpido", "incompetente", o "un fracasado". Para ello, grabe con su propia voz frases como: "Eso le ocurre a cualquiera", "Errar es de humanos", "La próxima vez seguramente podré hacerlo mejor"... y manténgase escuchándolas y repitiéndolas hasta que su voz saludable se haga más fuerte que esa voz interna, en extremo severa, que ahora lo crítica.

- **ANALICE SIEMPRE SUS ERRORES CON UNA SONRISA EN LOS LABIOS.** Si usted finalmente siente que de veras merece una crítica, hágasela... pero —¡siempre!— con una sonrisa en los labios. Trátese con amabilidad al enjuiciarse; ¡no se condene! Dígase: "Eso es una tontería; no lo vuelvas a hacer". Cuando usted muestre respeto y comprensión hacia sí mismo, comprobará que podrá analizar sus acciones de una manera positiva, sin destruirse a sí mismo en el proceso. En cambio, si es en extremo exigente, su autocensura será una especie de ácido que lo quema internamente. ¡Neutralícelo con una actitud positiva… en todo momento!

CAPITULO 4

TODOS ESOS
ACCIDENTES
INJUSTIFICABLES
QUE SUFRE... ¿SON
PROVOCADOS
POR USTED MISMO?

Se ha preguntado usted alguna vez qué hace que algunas personas siempre estén sufriendo accidentes de todo tipo...? Los estudios sicológicos que se han realizado hasta el presente indican que la mayoría de estos individuos, "necesitan sufrir" para "sentirse bien". Pero... ¿por qué? Veamos los siguientes casos:

- **Luis D.** provoca terror en su propia casa cuando llega del trabajo. Al quitarse la chaqueta, no es extraño que arrastre con ella un objeto de adorno en la sala, o que se de un golpe con un mueble que no está en su camino, o que tropiece con el gato (que permanece acostado en una esquina) y se caiga. En la oficina es ya famoso por los resbalones que ha sufrido, al punto de que todos considera que es, sencillamente, "una persona descuidada"... es decir, no presta atención a lo que hace o por dónde va, y por ello está sufriendo constantemente estos accidentes menores, para los que no hay justificación alguna.
- **María Luisa L.** es una madre de tres niños, divorciada hace dos años. No hace mucho sufrió un accidente automovilístico y tuvo que ser hospitalizada por tres días. Poco después de recuperarse, cerró la puerta del automóvil sin retirar a tiempo los dedos. Con frecuencia se corta o se quema mientras prepara los alimentos para sus hijos. Y en el trabajo le han prohibido que use la fotocopiadora, porque siempre la traba. Ella se queja de su "mala suerte", y hasta se rebela contra el destino por sufrir tantos accidentes innecesarios e injustificables.
- **Adalberto F.** es obrero de la construcción. Ha sufrido tantos accidentes pequeños e injustificables en los últimos dos años, que la

compañía de seguros no ha tenido otra alternativa que aumentar la prima de su póliza. El considera que ello es injusto y protesta porque, además de las lesiones que ha recibido en su trabajo, es multado por esos accidentes inexplicables.

Seguramente usted conoce a alguien como Luis D., María Luisa L. o Adalberto F. Quizás usted mismo sufre con frecuencia esos pequeños accidentes inexplicables, y hasta es posible que se haya preguntado por qué... En efecto, la mayoría de las cortadas y golpes que recibimos en nuestras actividades diarias no parecen tener explicación. Todo está tranquilo, y usted está calmado, cuando de repente se da un terrible golpe en la cabeza contra la puerta del automóvil, o se corta un dedo al pelar una patata, o tropieza con la mesita de noche, provocándose un hematoma en el muslo que no desaparece hasta la semana siguiente. Y mientras se cura, no puede evitar preguntarse por qué una persona tan controlada y con tanta coordinación como usted se convierte, de pronto, en un ser capaz de hacerse daño a sí mismo. Quizás hasta piense que estos accidentes no son realmente fortuitos, sino que es posible que una parte de usted desee romper, golpear o cortar su propio cuerpo. ¿Una hipótesis absurda...? Pues no, estos conceptos pueden tener gran validez... ¡y se lo voy a demostrar en este capítulo!

NO SOMOS PROPENSOS A SUFRIR ACCIDENTES... ¡SOMOS SUSCEPTIBLES!

Primeramente, es importante saber que mientras que no todo el mundo es *propenso* a sufrir accidentes, la gran mayoría de las personas sí es *susceptible*. Y ésta es la diferencia entre los dos términos:

- Si usted es **propenso** a los accidentes, las calamidades le ocurren porque probablemente vive con un complejo crónico y patológico que comenzó a desarrollarse en su niñez, cuando en busca de atención se golpeaba las rodillas y rompía sus juguetes. Un adulto propenso a sufrir accidentes sigue desahogando sus frustraciones y ansiedades como lo hacía cuando era niño; es decir, creando catástrofes (mayores y menores) cada vez que atraviesa por una crisis emocional.
- Sin embargo, si usted sólo es **susceptible** a los accidentes, no está luchando constantemente contra la vida... sólo ocasionalmente.

Cada ser humano —desde luego— tiene un nivel distinto de susceptibilidad a los accidentes, al igual que tenemos un nivel diferente de propensión, por ejemplo, hacia el catarro común, o la hipertensión, o a desarrollar cualquier otra condición física. Consideremos, como ejemplo:

- El caso de una mujer que es perfectamente saludable y que no está sometida a tensiones de ningún tipo. Toma un autobús en el que viajan gran número de personas enfermas con catarro, pero no se contagia. ¿Por qué? Porque tiene un sistema inmunológico muy fuerte y bien entrenado que la protege con efectividad de las bacterias y virus que puedan penetrar en su organismo durante el tiempo que está expuesta a los elementos de contagio.
- Sin embargo, otra mujer que ha estado trabajando doce horas diarias durante una semana, sube al mismo autobús con personas afectadas por la gripe, ¡y contrae la enfermedad inmediatamente!

Al igual que la salud general de la persona altera su resistencia a las enfermedades, ciertas circunstancias también pueden modificar el nivel de susceptibilidad a los accidentes. ¿Cuáles son estas circunstancias...? A continuación le expongo varias...

1
LA EDAD: ¡MIENTRAS MAS JOVENES, MAS SUSCEPTIBLES SOMOS A SUFRIR ACCIDENTES!

Mientras más joven es una persona, más susceptible es a sufrir accidentes. Sufrimos un número enorme (y variado) de accidentes entre los 20 y los 21 años, y luego (alrededor de los 30), las catástrofes personales empiezan a ser menos frecuentes. ¿Por qué? Pues porque a los 20 años tenemos menos experiencia de la vida, menos visión de hacia dónde vamos o qué queremos, y —por supuesto— somos más emocionales. Los mismos desengaños que a los 30 años sólo nos causan una leve depresión o ansiedad, a los 20 nos provocan una terrible desesperación, capaz de causarnos accidentes serios y constantes.

Tengo varios pacientes jóvenes que son propensos a sufrir accidentes. Uno de ellos es Esteban G., un joven que siempre se presentaba en mi consultorio con una herida, una fractura, o un hematoma diferente. Un día comprobé que aquel patrón comenzaba a variar, y al preguntarle si había sufrido algún accidente últimamente, me respondió sorprendido: "Es extraño... Hasta hace unos meses siempre estaba descubriendo un nuevo hematoma en alguna parte de mi cuerpo. Ahora, sin embargo, se me forman muy pocos. ¿Por qué será que ya no me golpeo tanto?".

Las "heridas de guerra" de Esteban fueron desapareciendo progresivamente porque fue madurando y asentándose más en lo que respecta a las cuestiones básicas de la vida. A los 20 años, sus experiencias eran todas nuevas y estaba preocupado por tomar las decisiones correctas en cada situación diferente en la que se involucraba. En esa época, cada vez que sufría un desengaño sentimental, o que el jefe no le daba un día libre, se desesperaba... y terminaba propinándose golpes involuntarios contra los muebles, resbalando en la bañera, o perdiendo la billetera. Pero ya han transcurrido casi diez años, y estas experiencias no provocan graves traumas emocionales en Esteban. Aunque su vida exterior no ha cambiado mucho, su nivel de susceptibilidad a los accidentes sí ha disminuido... y considerablemente.

2
¡LAS GRANDES PRESIONES NOS LLEVAN A SUFRIR ACCIDENTES!

No hay duda de que la ansiedad aumenta el grado de susceptibilidad a los accidentes. Todos tenemos un punto máximo de tolerancia emocional, y cuando llegamos a él, el resultado puede ser... sí, ¡un accidente! Muchas veces hasta nos alegramos inconscientemente de que así sea, pues nos da algo de qué preocuparnos, alejando nuestros pensamientos del trabajo que acabamos de perder, o de esa persona que nos resulta tan difícil de conquistar. Esto no significa que seamos propensos... recuerde que la persona propensa a los accidentes no espera llegar al borde del colapso nervioso, sino que estalla constantemente.

¿Cuál es la relación entre la ansiedad y los accidentes? La historia de Patricia G. puede ilustrarla. Durante su primer año de matrimonio, Patricia se sintió terriblemente desdichada debido a la incompatibilidad sexual con su esposo... y pronto también descubrió que no podía discutir sus problemas con él, ya que éste era un hombre frío, reprimido y verdaderamente temeroso de la intimidad. Al serle negada esta vía normal para desahogar su ansiedad, Patricia comenzó a sufrir accidentes de todo tipo con una frecuencia inusitada: se cortaba mientras preparaba la comida, tropezaba con los anaqueles de exhibición en el supermercado, cerraba el automóvil con las llaves en el interior, se resbalaba al subir las escaleras. De soltera había sido técnica de laboratorio, una profesión en la que tenía que trabajar con tubos de ensayos y medidas sumamente precisas, y —por lo tanto— resultaba inexplicable que se volviera, repentinamente, tan torpe con un cuchillo en la mano. Finalmente, después de seis meses de sufrir una amplia variedad de accidentes inexplicables, decidió plantearle el divorcio a su esposo (no por los accidentes, sino debido a su frustración íntima). Desde entonces, su vida ha recobrado la estabilidad y coordinación de antes. ¿Por qué? Sencillamente, porque está consciente de que ha vuelto a lograr el control de su vida y de todas sus emociones.

3
UN CUMULO DE PEQUEÑAS
PRESIONES PUEDEN PROVOCAR
UN ACCIDENTE MAYOR...

Un gran número de pequeñas presiones acumuladas durante un determinado período de tiempo, también pueden provocar esos accidentes que no acabamos de explicarnos por qué ocurren... a veces accidentes mayores, como muestran las estadísticas llevadas al respecto. Si estas presiones se produjeran independientemente, en etapas aisladas, podrían tolerarse sin tormento de ningún tipo. Pero es muy difícil soportar la carga excesiva que producen muchas presiones pequeñas que nos afectan simultáneamente... y constantemente. Todos los estudios sicológicos demuestran que:

- Un cúmulo de molestias sin importancia pueden descontrolar hasta la persona más normal.

Y es por ello que vemos situaciones de accidentes a los que no les encontramos explicación... como el caso de la joven que provocó un pequeño e inexplicable fuego en la cocina, el mismo día en que llegó tarde al trabajo y fue regañada por el jefe; el perro se le escapó sin que pudiera encontrarlo; y recibió una carta de sus padres, mencionándoles que su hermana menor tenía un pequeño abultamiento en el seno.

4
¿FATIGADO...? ¡CUIDADO!
¡QUIZAS SU PROXIMO PASO PUEDA
PROVOCAR UN ACCIDENTE!

Muchas veces aumentanos nuestra susceptibilidad a sufrir accidentes sencillamente porque estamos cansados. Se ha comprobado que una de las causas más frecuentes de que se produzcan accidentes en las carreteras, por ejemplo, es la fatiga. Una persona que conduzca un vehículo motorizado cuando está cansado, puede ocasionar situaciones peligrosas. Las compañías de aviación no permiten que sus pilotos vuelen a menos que se hallen completamente descansados; las estadísticas muestran una incidencia mucho mayor de accidentes aéreos provocados por la fatiga de los pilotos. Por ello, no es de extrañar que muchos de esos accidentes inexplicables que sufrimos se produzcan cuando estamos cansados: mi esposa, por ejemplo, se quema frecuentemente mientras plancha, porque lo hace al final del día, cuando ya está cansada de los trabajos y obligaciones del hogar. Yo solamente he tenido dos accidentes automovilísticos en mi vida, pero ambos han sido a la salida de mi consultorio, después de haber visto a diez pacientes y sentirme físicamente agotado. Por ello:

- Si se siente realmente exhausto, no intente involucrarse en una nueva actividad, porque podría sufrir un accidente inexplicable. Lo indicado: descanse por un rato o duerma por una hora (o más).

¿COMO ACTUAN LOS ESTIMULOS
SICOLOGICOS QUE ESTAN ESCONDIDOS
EN NUESTRA MENTE?

Hasta ahora, los factores que he mencionado como causantes de accidentes inexplicables son bastante obvios. Además, sabemos cómo podemos protegernos de ellos, porque casi siempre estamos conscientes de cuándo nos sentimos embargados por la ansiedad, el estrés, o por el cansancio físico. Sin embargo:

- Algunas situaciones que provocan accidentes inexplicables están relacionadas con emociones subconscientes que no son siempre detectables.

Es decir, que a menudo tenemos lo que pudiéramos llamar "razones secretas" para hacernos daños, las cuales permanecen escondidas en nuestra mente. Estas son algunas de ellas:

- **La necesidad de recibir mayor atención.** Podemos lastimarnos, inconscientemente, por un deseo frustrado de que las personas a nuestro alrededor nos consideren dignos de recibir su atención. Algunos individuos estiman que serán notados y que se les prestará atención únicamente si provocan compasión. Lamentablemente, no todos somos "notados" en la vida, ni todos somos capaces de despertar sentimientos de lástima en las personas a nuestro alrededor. Por ello, cuando no recibimos ese amor y esos elogios que necesitamos para alimentar nuestra autoestimación, tratamos inconscientemente de llamar la atención de otros, causándonos alguna lastimadura... para, consecuentemente, poder disfrutar de la atención y el cuidado que por lo general se le da a una persona lesionada.

- **La necesidad de expiar nuestras culpas.** A menudo, las personas que son consideradas felices se "construyen" accidentes... así, literalmente. Muchas personas temen al éxito y no saben manejar adecuadamente la buena suerte que les ha acompañado en la vida. Los accidentes representan su forma de demostrar que no son merecedores de tanta suerte. Por ello es que los siquiatras hemos llegado a la conclusión de que algunos accidentes son en verdad "expiaciones por sentimientos de culpabilidad que han sido acumulados durante un largo período de tiempo". En otras palabras: creamos accidentes en nuestros mejores momentos, para convencernos de que en realidad no merecemos ningún placer sin recibir, a la vez, un poco de sufrimiento. Y el caso de María Luisa L. es típico. Después que se divorció de su esposo, la situación económica de la familia ha ido mejor debido al excelente trabajo que pudo conseguir en una empresa de turismo. A su ex, en cambio, las cosas no le han ido tan bien. Desde que María Luisa se compró su automóvil, los accidentes injustificables han sido frecuentes... es su manera, inconsciente, de expiar la culpa que siente por haber logrado metas que su ex esposo aún no ha podido alcanzar.

- **La ira mal canalizada.** Cuando sentimos que nos embarga un estado de ira (o soberbia) por alguien que está fuera de nuestro alcance, con frecuencia sufrimos accidentes que no podemos explicar. Digamos que usted desea desesperadamente que lo elijan para el empleo que ha solicitado. Mientras más se preocupe pensando que quizás no podrá obtener esa posición que tanto desea, más sufre en su autoestimación;

evidentemente, se está colocando en una posición más vulnerable a sufrir un accidente inexplicable. En ese caso, si está afilando un cuchillo en el instante en que le invaden estos pensamientos negativos, su ira (o su despecho, como usted prefiera llamarlo) lo distrae de lo que está haciendo, y como su mente no está realmente concentrada en la actividad que lo ocupa en ese instante, se corta... "de la manera más tonta del mundo", se dirá usted, pero la realidad es que no ha sido así. Los accidentes tienen una relación directa con la ira, y esto ha sido demostrado en infinidad de estudios siquiátricos. Hace unos años, emprendí un trabajo de investigación sicológica para el cual debía entrevistar a pacientes del Departamento de Ortopedia de un hospital. Yo esperaba encontrarme con un grupo de individuos saludables, exceptuando sus respectivas fracturas de hueso. Descubrí luego algo bien distinto: muchas de estas personas sometidas a tratamiento ortopédico se hallaban también deprimidas y molestas... Profundizando en mi investigación, pude comprobar que algunas se habían provocado accidentes injustificables por su forma de actuar, totalmente anormal.

¿COMO EVITAR LOS ACCIDENTES INJUSTIFICABLES?

Hasta aquí he expuesto las posibles razones por las que nos lastimamos a nosotros mismos en forma aparentemente accidental, pero queda por discutirse una cuestión muy importante: ¿cómo evitar estos accidentes emocionales?

Una buena forma es:

Manteniéndonos alerta a estos momentos de mayor susceptibilidad.

Para ello es conveniente llevar una especie de hoja clínica de los accidentes inexplicables que sufrimos. Sugerencia: anote los accidentes que ha sufrido durante los últimos seis meses, analícelos, y compruebe si existe un patrón establecido. Seguramente encontrará detalles muy interesantes en su estudio. Por ejemplo, quizás se dé cuenta de que los accidentes peores le ocurren mientras está atravesando períodos determinados... o cuando discute con su jefe o visita la casa de sus suegros, con los cuales sus relaciones por lo general son tensas. Otra indicación de que su susceptibilidad está en la cumbre es la falta de concentración. Por ello, cuídese si comienza a perder interés en un libro o si va a un restaurante y le cuesta trabajo decidir lo que desea ordenar. Después de aprender a reconocer sus momentos de debilidad, siga estas tres recomendaciones fundamentales para evitar los accidentes injustificables... porque en verdad son innecesarios:

- Busque una vía de escape para las ansiedades y las presiones a las que pueda estar sometido. Puede probar técnicas de relajación, meditación trascendental, ejercicios, etc.
- Aléjese de las situaciones peligrosas. Si siente que su susceptibilidad a sufrir un accidente se halla especialmente alta en un momento determinado, no escale montañas, no conduzca el automóvil a una velocidad excesiva, no se aproxime demasiado a la vía del metro, ni emprenda ninguna actividad que pueda resultarle difícil.
- Ponga en práctica todas las medidas de precaución posibles. Ajústese el cinturón de seguridad en su automóvil si está molesto por algo, tenga cuidado al caminar, aléjese de las multitudes. ¡Todas las precauciones son pocas para evitar un accidente injustificable!

Y si los accidentes inexplicables siguen acosándolo (a pesar de todas las medidas preventivas que haya tomado), explore en su mente para determinar qué factores pueden estar elevando en usted su nivel de susceptibilidad a sufrir accidentes innecesarios. Es muy probable que logre identificarlos.

CAPITULO 5

¿CUALES SON SUS METAS EN LA VIDA? ¿SE CONSIDERA CAPAZ DE CONVERTIRLAS EN REALIDADES?

Si caminamos en forma errática por la vida, difícilmente llegaremos a los lugares que anhelamos. Ahora bien, si nos trazamos un plan muy definido de acción —y consideramos los muchos caminos a tomar— podremos alcanzar lo que queremos. ¡Esas son las metas! Y existe una estrategia para definirlas, según le explico en este capítulo.

Deténgase en el ritmo vertiginoso de sus actividades, mire a su alrededor, y analice los éxitos o los fracasos que puedan haber alcanzado las personas que conoce. Decididamente, los seres humanos pudiéramos ser fácilmente clasificados en dos grupos:

- **Los triunfadores.** Es decir, aquellos individuos a los que la vida se lo concede todo.
- **Los frustrados.** Viven en la oscuridad... pasan un día detrás del otro sin que jamás el éxito marque un cambio en su rutina.

Y si se pregunta por "los conformes", me apresuro a responderle rápidamente que yo los incluiría en la categoría de *los frustrados,* porque uno de los instintos más fuertemente arraigados en el ser humano es la autosuperación, donde el conformismo no puede existir. Es decir:

- Desde que somos niños estamos tratando de alcanzar metas distintas, algo que podemos hacer consciente o inconscientemente, pero con un mismo deseo: ¡ser mejores!

Por lo tanto, es evidente que el conformismo equivale a la frustración de aceptar que no somos capaces de "ser mejores".

¿POR QUE HAY PERSONAS QUE TRIUNFAN Y OTRAS QUE FRACASAN?

Usted seguramente se ha preguntado en más de una ocasión por qué unas personas nacen para ver sus vidas coronadas por el triunfo, mientras que a otras las persigue siempre el fracaso... o al menos, se ven en una situación estática y rutinaria, de la que no logran escapar. ¿Será, acaso, que hay algo mágico en el destino de las personas que las guía hacia una u otra dirección?

Por lo pronto, he podido comprobar que entre aquéllos que nunca logran ver sus sueños convertidos en realidad, muchos culpan al destino. "Es mi mala suerte; el destino se opone a que yo logre lo que quiero en la vida", repiten una y otra vez antes de volverse conformes. Pero la realidad es que el destino no es más que un mito creado por el hombre para no reconocer ni aceptar sus fracasos... y disculparlos, desde luego.

Si analizamos atentamente la trayectoria de *los triunfadores* y *los frustrados,* llegaremos a la alentadora conclusión de que:

- **El hombre se labra su futuro con su propia actitud ante la vida.**

Y empleamos el término *alentadora* porque —después de todo— es mucho mejor pensar que somos dueños de nuestro futuro, que podemos controlar nuestro destino, y que somos capaces de alcanzar las metas que nos hemos fijado. Ello depende solamente de nosotros mismos; es decir, de nuestro esfuerzo y de nuestra actitud ante la vida y ante los problemas naturales que ésta nos plantea.

¿Se ha detenido alguna vez a observar el comportamiento de una persona triunfadora? Veamos:

- Su dinamismo, su optimismo, su seguridad en sí misma, y su confianza ante el futuro la diferencian de otros individuos apagados... de aquéllos que no hacen cosas, sino que permiten pasivamente que las cosas les ocurran.

Los triunfadores son seres que se involucran en una forma tan intensa con todo lo que hacen, y se muestran tan ansiosos por hacerlo todo bien, que entregan de sí todo lo que son capaces de dar... y la vida —como por arte de magia— les devuelve esa devoción por "querer ser mejores" otorgándoles todas las riquezas (materiales y emocionales) y grandes bienaventuranzas.

¡FIJARSE METAS CONSTITUYE UNA GRAN AYUDA PARA TRIUNFAR EN LA VIDA!

Si usted le pregunta a cualquier triunfador qué ha hecho para llegar a tener éxito en la vida, le dirá sin pensarlo dos veces: "Lo primero, fijarme metas". Y es que fijar metas ayuda a construir, porque las metas constituyen una especie de soporte sicológico para todo lo que podamos hacer. Y si también lo analiza se dará cuenta de por qué sucede así:

- La meta puede ser considerada como el punto donde finaliza un trayecto, la terminación de un camino... la culminación de un proyecto.

Si usted sale de su casa para pasear por un rato y no sabe a dónde quiere llegar, posiblemente no llegue a ninguna parte... al menos, no llegará a ningún lugar que haya deseado. Pero si en el momento en que sale de su casa se propone ir hasta el parque que tanto le gusta visitar, sin duda llegará a ese parque. ¿De acuerdo? Pues lo mismo sucede con las metas que nos podamos trazar en la vida:

- Una cosa es emprender una actividad (trabajo o negocio) por cobrar un salario o ganar un dinero, pero sin proponernos a dónde queremos llegar. Otra situación muy distinta es utilizar el trabajo (o el negocio) para llegar a la meta que deseamos, que hayamos definido de antemano.

Y no sólo es importante fijarse una meta, sino que es esencial establecer varias de ellas que conduzcan finalmente a la GRAN META deseada... que será la que represente el triunfo definitivo.

¡LA AUTOCONFIANZA ES UNA HERRAMIENTA BASICA PARA TRIUNFAR!

No podrá llegar jamás a la meta que ambiciona si no tiene absoluta confianza en que usted sí puede lograrla; esta actitud positiva ante la vida es indispensable para alcanzar todo lo que uno anhela. De la misma forma, conseguir metas aumentará progresivamente el nivel de autoconfianza que usted pueda tener. Es como una espiral que va ascendiendo de la siguiente forma:

- **A más confianza, más triunfos; a más triunfos, más confianza... ¡y así hasta la cúspide!**

No conozco a ninguna persona que haya triunfado en la vida que no tenga un elevado nivel de autoconfianza. Y es evidente que al conquistar metas se incrementa la confianza en uno mismo. Por el contrario, los fracasos conducen a estados depresivos que nos hacen perder la autoconfianza, y cada vez nos veremos arrastrados a sufrir nuevos fracasos. Por ello, para realmente triunfar en la vida es preciso eliminar de la mente el concepto de que "hay momentos en que no se puede hacer nada, porque los factores están en nuestra contra". Y sí, es posible que el momento no sea el más propicio para alcanzar la meta (o las metas) que nos hayamos propuesto, pero debemos continuar avanzando en esa dirección... quizás más lentamente, pero sin desistir en nuestro empeño. Porque al final, no hay duda de que llegaremos al punto que nos propusimos, ¡y entonces habremos triunfado!

¿EL MAYOR RIESGO DE TODOS? ¡PARALIZARNOS POR EL TEMOR A CORRER RIESGOS!

La mayoría de las personas que se quedan siempre a la sombra se lo deben, sobre todo, a su actitud negativa ante los retos que constantemente les está planteando la vida. Desde luego, con esta forma de ser negativa nadie puede llegar lejos. El optimismo es la base del éxito, aunque hay actitudes que —a pesar de parecerse mucho al pesimismo (como la cautela), por ejemplo— son diferentes.

Exploremos más a fondo este concepto: si si su meta es llegar a tener un negocio propio, es normal que antes de lanzarse a hacer la inversión que ello significa, analice qué peligros hay en el negocio que está considerando y si realmente le conviene. Eso no es una actitud negativa o pesimista; por el contrario, va a ayudarlo a conseguir lo que se propone, porque una vez considerados los factores a su favor y en su contra, su decisión de continuar adelante con sus planes estará basada en un análisis realista, en el que los riesgos de fracasar serán mucho menores.

Desde luego, invariablemente hay que tomar riesgos... porque las metas que anhelamos no siempre están al alcance de la mano, y muchas veces es preciso salvar muchos obstáculos en el camino para llegar al final que nos hemos propuesto. Pero nada lo ayudará tanto a ser feliz, a sentirse lleno de optimismo y de fe en el futuro como luchar por conseguir una meta. Usted debe y puede hacerlo, aunque sea necesario realizar un esfuerzo, por más que sea riesgoso y a pesar de todos los obstáculos que se puedan interponer en su camino.

SECRETOS PARA
CONSEGUIR DIFERENTES
METAS EN LA VIDA

A continuación le ofrezco una serie de secretos que lo ayudarán a conseguir diferentes metas en la vida, lo mismo en el trabajo que en el amor, la economía y la familia.

A
LO MAS IMPORTANTE:
¿SABE USTED QUE ES LO QUE
REALMENTE QUIERE EN LA VIDA?

Jamás podrá llegar a ninguna parte si primeramente no decide a dónde quiere llegar y cuál es el camino a tomar. Pero, además, necesita saber si su meta está de acuerdo con sus posibilidades (materiales e intelectuales). No puede pretender ser un pianista famoso, por ejemplo, si nunca ha estudiado música. De la misma manera, puede haber estudiado música y su sueño ser dedicarse a enseñar idiomas, pero... ¿sabe usted alguna lengua extranjera? Por lo tanto, lo primero —antes de establecer la meta a la que quiere llegar—— es conocerse muy bien a sí mismo.

¿Cómo se logra esto? Siéntese frente a usted mismo y pregúntese cómo es realmente, qué quiere, cuáles son sus verdaderas ambiciones en la vida. Sea sincero en su análisis; tampoco permita que sus sueños influyan en la realidad a la que debe enfrentarse. Tampoco deje absolutamente nada sin averiguar. Respóndase sin censuras de ninguna clase; sólo así podrá conocerse mejor. Una vez que haya terminado su análisis, responda:

- ¿Cómo soy?
- ¿Qué he aprendido acerca de mí?
- ¿Cuáles son las cosas más importantes para mí?
- ¿Estoy haciendo lo que realmente me gusta?
- ¿Me considero una persona realizada en la vida, o siento que estoy frustrado en algún aspecto?

Ahora, anote cuáles son las metas que le gustaría conseguir (pueden ser varias) en cada uno de los niveles de su vida material y emocional:

- En el amor.
- En el trabajo.
- En la economía.
- Con la familia.

Una vez terminado este ejercicio:

- Señale los dos aspectos más importantes en cada sección; y
- finalmente, el más importante de cada uno.

El motivo por el que he escogido los cuatro puntos anteriores es que considero que una persona que triunfe sólo en uno de los campos, no se siente feliz ni será capaz de disfrutar su triunfo plenamente. El ser humano no está compuesto por una sola faceta, sino que es un conjunto de materia y espíritu, ambición y desinterés, egoísmo y generosidad. Esto hace que necesite el amor y la familia para disfrutar sus éxitos profesionales y económicos.

B
¡LUCHE POR LLEGAR A SU META!

Una vez que haya determinado qué es lo que realmente quiere en la vida, hay algo tan importante como lo anterior: cómo conseguirlo. Para ello, estudie bien cada uno de los siguientes puntos:

1. No permita que nadie cambie sus propósitos. Esto es sumamente importante. Estamos rodeados de personas que —con la mejor intención del mundo— constantemente intentan cambiar nuestras metas (muchas veces lo hacen creyendo que lo que ellas opinan es lo mejor para nosotros). Desde que usted era un niño, seguramente le ha venido sucediendo porque todo el mundo se cree en la obligación de orientarlo, cuando muchas veces lo que logran es confundir; es decir, desorientar. Una vez que defina cuáles son las metas que quiere conquistar, no permita que nadie lo haga cambiar de idea... ¡ni de dirección!

2. Esté seguro de que su meta es realista. Si bien es cierto que conseguir fácilmente algo que anhelamos le resta parte de su interés y encanto, también es cierto que cuando luchamos por conseguir lo que nos resulta imposible, nos sentimos agotados... y hasta llegamos a perder el interés en ello en un momento determinado. Por este motivo debe estar seguro de que sus metas son realizables. Es el caso al que nos referíamos anteriormente: la persona que quiere ser pianista sin saber nada de música. Usted debe luchar por conseguir lo que desea, pero siempre que esto no lo involucre en una lucha cuyo final será desastroso por imposible. Pero si su meta es factible, y usted ha decidido que quiere alcanzarla, vaya tras ella. ¡Usted podrá lograrla!

3. Las metas confusas nunca conducen al triunfo. Nunca diga "Quiero otro trabajo mejor", porque es evidente que esto no es una meta precisa... ¿Qué es "un trabajo mejor"? Para establecer una meta definida, analice qué clase de trabajo prefiere, dónde lo quiere, cuánto dinero espera ganar en él, cuándo lo quiere. Si sus aspiraciones son de tipo sentimental (como mejorar las relaciones con su cónyuge, que han estado un poco deterioradas últimamente) precise por qué cree usted que han sufrido esa alteración, busque las causas, y trácese un plan definido para mejoralas. Nada vago, sino muy preciso. Anote los puntos que usted considera que han fallado y la forma en que estime que se puede superar la situación. Después siga el plan que se haya trazado en la dirección a su meta, y todos los elementos estarán a su favor para que su relación vuelva a ser lo que era antes de que surgiera la crisis.

4. Las metas más importantes deberán ser compatibles. Es muy fácil caer en la trampa de fijarse metas que no son compatibles. Por ejemplo, si usted quiere dedicar más tiempo a la atención de su familia y de su casa, no podrá a la vez trabajar una doble jornada para conquistar la meta de tener el dinero adicional que necesita para tomar esas vacaciones sensacionales con las que lleva años soñando. Si se fija metas incompatibles, corre el riesgo de no lograr ninguna de ellas, y entonces se agotará en el esfuerzo. Por ello, lo mejor es establecer un orden de prioridades... ¡y seguirlo!

5. Desde luego, las metas pueden cambiar (total o parcialmente). Las metas en la vida de una persona no tienen por qué ser definitivas. Todos cambiamos y vamos evolucionando con los años (o con las circunstancias) y esto puede hacer que también cambien nuestras metas. Por ejemplo, usted pudo haber querido ser médico a los 15 años, y abogado a los 20. Además, es probable que, aunque su meta sea la misma, las circunstancias lo obliguen a modificarla. Es posible que quiera por encima de todo visitar Japón y que haya estado ahorrando para viajar a ese país durante unas vacaciones. Pero si en la prensa se anuncia que se están produciendo una serie de atentados terroristas, es lógico que tenga que cambiar su meta de este año, y posponer su visita al Oriente para otra oportunidad. En otras palabras:

- **La flexibilidad es un elemento fundamental al trazarnos las metas que nos proponemos cumplir en la vida.**

Por el contrario, la inflexibilidad puede impedirle cambiar algunas de sus metas y perder de esta forma grandes satisfacciones. Por ello es aconsejable revisar cada cierto tiempo sus metas más anheladas. Quizás compruebe que algunas de ellas ya no despiertan en usted la ilusión de hace unos años, y entonces lo más indicado es modificarlas y ajustarlas a la etapa presente que está viviendo.

6. No todo lo que nos ilusiona en la vida constituye una meta. Todos tenemos muchísimos sueños, pero la realidad es que no todos nuestros sueños son metas que debamos alcanzar. Mientras más imaginación tiene una persona, más sueños acumulará. Por ello es necesario que usted aprenda a diferenciar las ilusiones de las verdaderas metas, lo que desearía hacer de lo que realmente quiere hacer. De esta forma no consumirá energías inútiles, jugando a alcanzar metas que en realidad no lo son.

7. No pretenda alcanzar su meta en una sola jugada. Muchas veces, esta actitud ambiciosa nos impide conseguir la GRAN META, que es la que realmente nos interesa. Pero considere que es muy difícil llegar a lo más alto sin subir primeramente una serie de escalones intermedios. Y lo mismo sucede con las metas más importantes que nos impongamos en la vida:

- **Es más fácil conseguirlas cuando las programamos a base de submetas... y entonces nos parecerá que nos han costado menos esfuerzo.**

Además, cada una de las pequeñas metas que conquistemos nos dará confianza para lanzarnos a conseguir la siguiente.

8. Ayúdese con señales que mantengan viva su meta. Mencioné anteriormente el peligro que el exceso de actividad diaria representa para lograr una meta. Por ello, porque la vida moderna es una verdadera vorágine de actividades, es necesario que usted distribuya señales que lo ayuden a recordar cuáles son sus metas y lo que debe hacer para alcanzarlas. Tengo un amigo que se fijó una meta realista: bajar 10 kilos de peso. ¿Qué hizo? Pues en la puerta del refrigerador de su casa colocó una fotografía de una serie de hombres obesos. Así cada vez que el hambre (o el aburrimiento) lo llevaban al fatídico lugar, la foto le recordaba su meta y no ingería ningún alimento que le impidiera conseguirla.

C
DEFINA CUALES SON SUS PROPOSITOS EN LA VIDA...

Finalmente, responda en un cuaderno a las preguntas que le ofrezco a continuación, y repase las respuestas periódicamente. Al hacerlo, estará definiendo cuáles son sus propósitos en la vida.

- ¿Cuál es la meta que desea conseguir?
- ¿Por qué quiere conseguirla?
- ¿Qué significará para usted conseguir esa meta que se ha propuesto?
- ¿Qué consideraría (respecto a la consecución de su meta) un éxito moderado? ¿Un gran éxito? ¿Un éxito enorme?
- ¿Hasta qué punto quiere usted realmente conseguir esta meta?
- ¿Qué precio está dispuesto a pagar por llegar a ella?
- ¿Qué posibilidades considera que tiene de alcanzar su meta?
- ¿Qué sucederá si usted no logra conquistar esa meta que se ha propuesto?
- ¿Está convencido de que usted está capacitado para enfrentarse al reto que supone lanzarse a la conquista de una meta importante?
- ¿Qué obstáculos se interponen entre usted y su GRAN META en la vida? Enumérelos. Seguidamente: ¿Sabe cómo vencerlos?
- ¿Qué puede hacer hoy mismo que lo ponga en el camino para llegar a su meta?
- ¿Está decidido —a pesar de todas las dificultades— a llegar a conquistar la GRAN META que se haya trazado en su vida?

7 PASOS (ESENCIALES) PARA PLANIFICAR SU VIDA... ¡CON EXITO!

Desea renovar su vida y llegar a la meta que se haya propuesto? Pues antes de responder que no sabe cómo, considere estas siete recomendaciones que le ofrezco a continuación:

1
¡QUIERASE MAS A USTED MISMO!
¡EL AMOR AJENO
NO OFRECE MUCHAS GARANTIAS!

Esta es la regla básica y quizás para muchas personas sea la más difícil de comprender, ya que tradicionalmente hemos sido educados bajo el concepto de que "el egoísmo es malo" y que "la generosidad debe prevalecer en todos los actos de nuestra vida".

Sí, no hay duda de que todos estos conceptos son muy encomiables, pero a veces hacen que nos olvidemos de nosotros mismos:

- **Es necesario que usted piense más en su felicidad; ¡ésa debe ser su prioridad en la vida!**

Ninguna vida humana transcurre sin penas, pero si su amor propio está fortalecido, no hay duda de que los sufrimientos lo van a afectar menos. Analice objetivamente todos esos conceptos altruistas que arrastramos del pasado, y libérese de los temores que hasta ahora le han hecho prestar más atención a los demás que a usted mismo. Considere que si no busca siempre lo mejor para usted, jamás llegará a alcanzar la verdadera felicidad.

2
¡PRESTE ATENCION A SUS SENTIMIENTOS!

Siempre hay algo importante que podemos aprender de un sentimiento desagradable. Cuando usted sufre (física o espiritualmente), es como si estuviera recibiendo una señal de que algo debe cambiar en su vida. Incluso los malestares físicos (los dolores de espalda, de cuello, las migrañas, etc.) reflejan heridas ocultas a las que probablemente usted no se quiere enfrentar. Para usted, un dolor de este tipo puede significar una señal, un aviso... ¡Descúbrala!

3
¿LA RESPUESTA A SUS PROBLEMAS?
¡SOLO USTED LA TIENE!

Sería trágico que siguiéramos siempre las orientaciones que nos ofrecen los demás, ya que muchas de las personas que nos rodean viven heridas por insatisfacciones y frustraciones que se han provocado a sí mismas, simplemente porque no tuvieron el valor de seguir sus propios impulsos. ¡Hay que aceptar que ésta es una realidad inexorable! Por lo tanto:

- **MUY IMPORTANTE: No acompañe a estos individuos negativos en este camino lamentable.**

Inclusive, a veces constituye un desgaste inútil de energías positivas el oír sus recomendaciones, ya que terminaría usted convirtiéndose en una copia de esas personas que —evidentemente— son incapaces de ser felices.

4
SI NO OBTIENE LO DEBIDO,
¡CAMBIE SU SISTEMA DE VIDA!

Aunque para muchas personas resulta mucho más fácil repetir cada día lo mismo, ¡no caiga en esta trampa! De hacerlo, no llegará a alcanzar el éxito y la felicidad que sueña. Los caminos trillados y la rutina son los senderos que por lo general siguen la mayoría de las personas, porque siempre temen a que un cambio pueda resultar peor. ¿No conoce usted el viejo refrán español que dice que "más vale *malo* conocido que *bueno* por conocer"? Pues se trata de un concepto sumamente negativo:

- **Para alcanzar metas, hay que arriesgarse a cambiar.**

En definitiva, si un cambio no produce los resultados que se esperan, ¿por qué no cambiar una vez más? Si hasta ahora su vida ha estado estática (no ha avanzado hacia las metas que se ha propuesto), es el momento de aceptar los riesgos y cambiar.

5
SI SE VA A ARRIESGAR A CAMBIAR...
¡QUE SEA PARA SU MAYOR BENEFICIO!

No siempre es fácil predecir cuál va a ser el mejor sendero a tomar en la dirección hacia la meta trazada... aquél que le garantice satisfacciones personales, sin sacrificar sus propios ideales ni su seguridad personal. Pero no hay duda de que sus oportunidades de beneficiarse serán excelentes si usted canaliza todas sus energías en avanzar hacia la meta concebida. Cuando usted vive para satisfacer únicamente a otros (lo cual es frecuente), es fácil que se sienta confundido. Pero una vez que su mente se concentre en usted primeramente, las metas le parecerán más fáciles.

6
EVALUE SI EN REALIDAD VALE
LA PENA CORRER
EL RIESGO DE UN CAMBIO...

Empiece por hacer una lista de los pros y los contras del cambio que está considerando realizar para alcanzar su meta. Considere las peores situaciones en las que pudiera verse al hacer el cambio, pero no se olvide de incluir también los resultados positivos que pudiera obtener. Recuerde que:

- **Todo cambio siempre implica un riesgo.**

Es decir, existe la posibilidad de que el cambio que está considerando no valga la pena, pero nunca permita que sus temores ocultos tomen la decisión por usted. Anote en un papel todos sus temores y ponga en la balanza estas dos alternativas: "me sigo sintiendo como actualmente me siento" o "me arriesgo a lo que venga". ¡La decisión es suya!

7
RECONSIDERE SUS VALORES, Y POR ALGUN TIEMPO OLVIDESE DE HACERSE SOLAMENTE CRITICAS.

Si usted no se concede a sí mismo el valor debido, difícilmente podrá obtener lo mejor de usted mismo: el uso pleno de todas sus cualidades positivas. La mayoría de las personas caen en el error de autocriticarse constantemente (como ya hemos considerado en capítulos anteriores), y ésta es una actitud negativa que siempre resta *momentum* a la decisión que se requiere para avanzar hacia una meta determinada.

CAPITULO 6

¡ATREVASE A CAMBIAR!
¡TRANSFORME HABITOS NEGATIVOS EN HABITOS POSITIVOS!

Dietas que fallan? ¿Programas de ejercicios que se abandonan? ¿Hábitos negativos que no logra erradicar? Los estudios sicológicos más recientes revelan que el **PROCESO DEL CAMBIO** se realiza en cinco fases diferentes. En este nuevo capítulo le muestro cómo avanzar hacia una vida mejor, sin quedarse atascado en los obstáculos que pudiera encontrar en el camino.

Los estudios sicológicos realizados al respecto indican que:

- Antes de que pueda dar un paso realmente decisivo para cambiar el estilo de vida, la persona promedio intenta abandonar sus hábitos negativos hasta por tres años seguidos.
- ¿Por qué les resulta tan difícil lograr ese cambio que se proponen? De nuevo las investigaciones revelan que menos del 20% de las personas que necesitan modificar su estilo de vida están realmente preparadas para tomar una acción positiva... y cambiar.
- Y —nuevamente según los investigadores— si usted no está listo para cambiar, es prácticamente imposible que pueda lograr la transformación de sus hábitos negativos en positivos. Es como tratar de tener un jardín lleno de plantas bellas sin antes haber preparado debidamente la tierra, abonándola con los elementos químicos necesarios para volverla fértil.

Cambiar es un proceso progresivo que implica una serie de fases que deben cumplirse antes de llegar a la meta propuesta. Es decir, no se trata de un evento radical y súbito. Las personas que logran vencer un hábito negativo y en su lugar desarrollan una nueva forma de comportamiento saludable, invariablemente transitan por una serie de etapas... todas muy bien definidas. Conocer cuáles son esas etapas, descubrir en cuál de ellas usted se pueda encontrar en estos momentos, y actuar con efectividad para pasar a la etapa siguiente (avanzando siempre en dirección al cambio que se desea lograr) son factores que pueden facilitar su victoria sobre los hábitos negativos.

Esto, por supuesto, requerirá que usted haga un análisis honesto de cuáles son sus características personales y defina cuáles son los problemas a los que se enfrenta. Al mismo tiempo, es fundamental que mire los fallos que ha cometido en el pasado y que los considere como experiencias adquiridas en el proceso de aprendizaje. Conociendo el camino hacia el **cambio real**, usted podrá ganarle finalmente la batalla a sus hábitos no saludables. A continuación le indico cuál es ese camino a seguir y muchos de los recursos que pueden ayudarlo a avanzar a través del trayecto hasta llegar a alcanzar el cambio deseado.

PRIMERA ETAPA:
PRE-CONTEMPLACION

Los sicólogos que se han especializado en el estudio del proceso del cambio estiman que aproximadamente el 40% de las personas que necesitan hacer un cambio en sus vidas se encuentran en esta primera etapa del camino. Estos individuos:

- no son conscientes de que su hábito es realmente peligroso.
- sí pueden ser conscientes de que se trata de un hábito no saludable, pero no admiten la necesidad personal de un cambio.
- También existe la posibilidad de que las personas que se encuentran en esta etapa se sientan incapaces de poder cambiar debido a sus numerosos fallos previos, los cuales les han llevado a creer que la solución de "su problema" está mas allá de su control.

Típicamente, los individuos que se hallan en la etapa de la pre-contemplación se resisten a discutir sobre las consecuencias de su hábito negativo, e incluso pueden hasta mostrarse renuentes a aceptar cualquier recomendación que se refiera a los peligros que el hábito negativo en cuestión pueda representar. Por ello:

- **El reto en esta primera fase del proceso del cambio es precisamente ayudar a estas personas a salir de la equivocación en que se hallan.**

Cualquiera puede ayudar a un *pre-contemplador* a abrir sus ojos, aunque el mensaje inicial debe ser sutil y no incluir juicios o críticas.

Por ejemplo: podemos proponerle a un *pre-contemplador* que dé una rápida lectura a algún artículo que haya sido publicado sobre los muchos peligros que representa el cigarrillo, o pedirle que escuche algún programa radial sobre este tema. Frecuentemente, los *pre-contempladores* comienzan a prestar atención a su necesidad de cambio una vez que comprenden (y aceptan, desde luego) los verdaderos peligros de su comportamiento. Muchos fumadores conocen, pero no le prestan mayor atención, el vínculo del cigarrillo con el desarrollo de las tumoraciones cancerosas en los pulmones. Sin embargo, por lo general adoptan una postura mucho más abierta y flexible hacia el abandono de su hábito negativo una vez que están conscientes de que al dejar de fumar no sólo van a prevenir el cáncer pulmonar, sino también aproximadamente veinte enfermedades diferentes, todas con consecuencias graves.

En muchos casos, sin embargo, no es este conocimiento y aceptación del peligro en que se hallan, sino una fuerza exterior (como los síntomas de una enfermedad, o el cumplir una edad determinada que les hace pensar que ya no tienen la juventud de antes, o ver una película que toca su sensibilidad nerviosa) lo que crea la verdadera necesidad de cambio en un *pre-contemplador,* llevándolo finalmente a identificar y a aceptar el problema al que debe enfrentarse para cambiar su estilo de vida.

La verdadera necesidad de cambio de Araceli R. se manifestó a raíz de una situación de emergencia que se le presentó debido a una opresión en el pecho que apenas le permitía respirar. Araceli (de 54 años) se había resignado a ser obesa y a tomar medicamentos para controlar la presión arterial por el resto de su vida. Después de numerosas dietas fallidas, se sentía completamente desmoralizada, sin ánimos para un nuevo intento de cambiar sus hábitos negativos con respecto a la alimentación por otros positivos. También trabajaba unas diez horas diariamente, lo cual la dejaba sin energías para hacer ejercicios físicos. La comida se convirtió en su refugio, la compensación que buscaba después de tanto esfuerzo. Sin embargo, aquella noche, cuando Araceli se sentó en su cama y comprobó que apenas podía respirar, temerosa de que estuviera sufriendo un ataque cardiaco, corrió hacia el hospital más cercano: ¡la necesidad de un verdadero cambio en su vida se presentó ante ella, inexorablemente! Los médicos le informaron que su corazón estaba funcionando normalmente, y que los dolores que se le habían manifestado en el pecho se debían al estado de ansiedad que la embargaba. "Fue un verdadero despertar... ¡un despertar a una nueva vida!", recuerda ahora. "Aquella noche, el susto que experimenté... al pensar que había llegado el momento de mi muerte... me hizo considerar seriamente mi futuro, y la necesidad de cambiar mis hábitos negativos por positivos surgió ante mí como una verdadera revelación".

SEGUNDA ETAPA:
CONTEMPLACION

Durante la **etapa de la contemplación**, las personas que están conscientes de que deben cambiar su estilo de vida comúnmente dicen: "Yo debo cambiar, pero...". Y es entonces —con ese pero— que empiezan los pretextos, de todo tipo. Sí, usted quiere y debe hacer más ejercicios, pero tiene demasiado trabajo, el gimnasio se encuentra muy lejos, el tráfico por lo general está muy congestionado, las rodillas le duelen... ¡Excusas y más excusas! Si usted está buscando razones para no cambiar y modificar sus hábitos negativos, entonces jamás cambiará.

Para avanzar en el camino hacia el cambio en esta *etapa de la contemplación:*

- En primer lugar, es preciso que usted esté convencido de que el trayecto vale la pena, y que los beneficios que obtendrá al cambiar excederán los sacrificios que ahora tiene que hacer para eliminar sus hábitos negativos.
- Trate de valorar analíticamente las ventajas y desventajas de su comportamiento. Con absoluta objetividad, haga una lista de los beneficios que usted puede esperar con el cambio que quisiera dar, especialmente de los beneficios inmediatos; es decir, no incluya solamente los que podría obtener a largo plazo. Enumere también en su lista las razones personales y específicas que usted tiene para realizar este cambio. Por ejemplo, aunque llegar a controlar el estrés puede reportarle numerosos beneficios a largo plazo, esta meta pudiera convertirse en algo importante de inmediato si analiza el maravilloso efecto que tendría sobre su familia el hecho de que usted

logre regresar del trabajo a la casa todos los días con un buen estado de ánimo.

- Otra manera de auto-estimularse para cambiar es considerar los aspectos negativos que tendría si mantiene el hábito negativo que presenta actualmente. Imagínese, por ejemplo, su estado físico y mental dentro de unos veinte años, todavía fumando (o comiendo, o bebiendo en exceso); piense en ese futuro que le espera, y considere cuál será el estado de su salud en ese momento. ¡Es una forma efectiva de tomar acción, porque no hay duda de que la imagen que visualizará de su estado en el futuro no será la que usted quisiera!

Considere que *la contemplación* es una etapa en la que fácilmente la persona que desea cambiar puede permanecer atrapada. La experiencia muestra que muchas personas se mantienen en ella durante largos años, casi siempre esperando por la llegada de una especie de "momento mágico" que los hará avanzar hacia el cambio. Pero los *momentos mágicos* no llegan por sí mismos, y por lo tanto es fundamental que usted reconozca esas trampas y convierta en realidad su deseo de cambiar... ¡porque no hay duda de que el cambio está en sus manos y sólo depende de su decisión! Si sigue buscando pretextos o dándole largas al asunto, jamás va a lograr su meta de cambiar y adoptar hábitos más positivos en su estilo de vida.

TERCERA ETAPA:
PREPARACION

Después de estudiar durante años por qué las personas abandonan con tanta frecuencia los programas de ejercicios físicos y las dietas alimenticias que inician, los sicólogos especializados en el estudio del proceso del cambio han encontrado un culpable común: no prepararse bien para los obstáculos que se presentarán en el camino:

- Si usted es capaz de anticipar los problemas comunes que pueden presentarse en su camino una vez que decida cambiar sus hábitos negativos (por ejemplo, un proyecto de trabajo inesperado, o viajes que interrumpan el programa de ejercicios o la dieta que ha iniciado), entonces sus posibilidades de avanzar en el proceso del cambio son mucho mayores.

Para vencer un hábito negativo e instaurar una forma de comportamiento saludable, positivo, no hay duda de que usted debe, primeramente, preparar el terreno... es decir, abonar el jardín donde va a sembrar sus flores preferidas. Esa preparación requiere mirar hacia adelante, tener cierta visión del futuro para poder preveer todas las tentaciones y dificultades que puedan surgir en el proceso de cambio.

Cuando Susana L. (de 38 años) abandonó su hábito de fumar, lo hizo sin ayuda de ningún filtro o parche especial de nicotina; sin embargo, no logró cambiar su hábito negativo en un solo paso. Ella sabía que necesitaba un plan de preparación para lograrlo, así que lo diseñó y puso en marcha el mismo día en que comenzaron sus vacaciones, cuando se encontraba alejada de todas su rutinas habituales y sus fuentes cotidianas de estrés.

Susana también se preparó para cualquier posible tentación que se le pudiera presentar en su camino. Por ejemplo:

- Disfrutaba fumar en el automóvil, así que eliminó el encendedor y el cenicero del auto.
- Como inevitablemente asociaba fumar con beber café, comenzó a visitar restaurantes en los que no se permitía fumar.
- Para canalizar el estrés y prevenir el aumento de peso que el abandono de su hábito de fumar podían causarle, comenzó a asistir regularmente al gimnasio.

Ninguna de estas medidas fue la píldora mágica que le hizo dejar de fumar, pero sí le permitieron sentirse en control de la situación por la que estaba atravesando, la cual no hay duda que era difícil, ya que fumar pasa de los niveles de hábito para convertirse en una adicción. Todos esos pasos complementarios le brindaron la confianza que necesitaba para seguir adelante hacia el cambio en el estilo de vida que se había propuesto, y también la ayudaron a desarrollar una serie de estrategias esenciales que necesitaría en su batalla para vencer su hábito negativo.

Durante la etapa de preparación, también puede presentarse otro problema: una persona puede avanzar hacia el mismo borde de la acción (cuarta etapa), pero una vez allí puede negarse a dar el salto final. Es aquí cuando la aprobación cordial de los amigos y familiares puede ayudar a la persona a seguir adelante. Ahora es el momento en que la mujer le puede decir a su esposo, como estímulo: "Yo sé que tú puedes dejar de fumar; tú estás listo para hacerlo... así que hazlo".

Otros recursos a los que usted puede recurrir para iniciar la *etapa de la acción* son:

- **Establezca un día para dar inicio al proceso del cambio que desea experimentar.** Poner una fecha límite para el cambio le obligará a acelerar y ajustar todos los preparativos.
- **Haga de conocimiento público cuál es el cambio que desea lograr en su estilo de vida.** La presión de los otros puede ayudarle a avanzar más rápidamente hacia el momento de tomar acción.
- **Avance poco a poco en el proceso del cambio.** Si usted, por ejemplo, aún no se siente listo para iniciar una dieta baja en grasas, al menos deje de comer esos bizcochos en las mañanas y evite merendar en la noche mientras mira la televisión.

CUARTA ETAPA:
TOMAR ACCION

Si usted se ha preparado adecuadamente para el cambio que desea dar, entonces usted está listo para la **etapa de tomar acción.** Algunas personas avanzan solas hacia la acción, mientras que otras prefieren hacerlo uniéndose a programas de ayuda ya establecidos. Cualquiera que sea su elección, lo más probable es que usted —para materializar el cambio que quiere dar— se apoye en pensamientos y conceptos positivos que favorecen la transformación, así como en técnicas de comportamiento de manera que los nuevos hábitos sean más fáciles de establecer.

Las siguientes recomendaciones pueden ser de gran ayuda durante la *etapa de tomar acción:*

- **Refuerce sus compromisos.** Cuando Susana L. decidió dejar de fumar, tenía una mentalidad que se negaba a perder. "La última cosa que yo quería era ir a donde estaban mis amigos y decirles que no era capaz de dejar el cigarrillo", recuerda hoy Susana. "Por eso, constantemente me repetía lo importante que era para mí no fracasar en mi intento de cambiar mi estilo de vida. ¡Mi orgullo, desde luego, estaba de por medio!".

- **Los compromisos de cambio también exigen responsabilidad personal.** Para cambiar, usted tendrá que tomar por sí mismo las riendas de su problema; es preciso que esté consciente que únicamente de usted depende el cambio que desea dar.

- **Trácese objetivos, a largo y a corto plazo.** ¿Qué es lo que usted quiere alcanzar, específicamente? Concéntrese en un objetivo ambicioso (ponerse en la línea, mantenerse en forma... por ejemplo), pero trácese también objetivos de corto término que le servirán de estímulo día tras día (vestir ropas de tallas más pequeñas, verse mejor, tener más agilidad en sus movimientos).

- **Establezca recompensas.** Premie sus esfuerzos con regalos pequeños: ir a ver una película de estreno, comprarse un nuevo traje, realizar un viaje a determinando lugar cada vez que vaya avanzando un paso más hacia el cambio que quiere dar. Algunas personas que logran cambiar sus hábitos negativos por positivos también recurren ––y con mucho éxito— a las apuestas amistosas para mantener su motivación activa. Por ejemplo, Araceli R. apostó con una amiga para ver cuál de las dos era capaz de perder más peso en un período de tiempo determinado; la ganadora recibiría un dólar por cada kilo perdido: ella perdió 25 kilos, su amiga no mostró cambio alguno en su peso.

- **Sustituya paulatinamente los hábitos negativos por otros más saludables.** Sin duda, muchos hábitos negativos alivian el estrés y el aburrimiento (algunas personas se refugian en la comida para lograr ese propósito; otras en el sexo... o en el alcohol). Trate usted de llenar sus necesidades personales con alternativas más saludables, como pueden ser los ejercicios físicos y las técnicas de relajación (incluyendo el yoga y la meditación).

- **Cambie de ambiente.** Facilite el proceso de su cambio evitando el contacto con todos los elementos ambientales que le causan problemas. Esto implicaría, por ejemplo, eliminar todas las golosinas de su casa, si usted se ha propuesto perder peso. Pero también podría exigir algunos cambios más complejos, como entablar nuevas amistades, e inclusive hasta cambiar de trabajo. Prepárese para cada una de las situaciones problemáticas que puedan presentarse pensando con anticipación cómo va a actuar ante cada una de ellas.

- **¡Busque apoyo!** La ayuda exterior puede llegarle en formas diferentes. Por ejemplo: si usted es una persona que disfruta discutiendo los problemas y escuchando consejos, considere entonces la posibilidad de incorporarse a un grupo de apoyo. Para otras personas, sin embargo, el simple contacto social superficial que puede establecerse durante una clase de ejercicios físicos puede ser suficiente para recibir el tipo de apoyo que necesitan.

- **Manifieste lo que espera de las personas a su alrededor.** Aunque en el proceso de cambio todas las personas necesitan recibir estímulos por parte de la familia y de los amigos, no todas quieren que se lo expresen de la misma forma. Algunas pueden desear un largo y efusivo canto de elogios para celebrar el haber llegado a una meta en el proceso del cambio, mientras que otras nada más desean un comentario más breve. Es importante que usted le informe a las personas que le rodean qué es exactamente lo que usted necesita... y espera.

Es importante tener en cuenta que la *etapa de tomar acción* puede requerir más tiempo del esperado. La mayoría de las personas necesitan mantenerse concentradas en su problema de comportamiento por lo menos durante seis meses antes de decidirse a tomar acción; de lo contrario, corren el riesgo de refugiarse nuevamente en el hábito negativo que deseaban modificar. Recuerde que el cambiar no se limita a correr unos cuantos kilómetros diariamente... ¡más bien es un maratón para el cual hay que estar debidamente preparado!

QUINTA ETAPA:
MANTENIMIENTO

Para muchas personas, dejar de fumar, perder peso, o comenzar a hacer ejercicios físicos no constituye mayor problema; el problema en sí consiste en mantener el cambio una vez que lo han alcanzado. Teresa G. representa un caso típico. Durante mucho tiempo estuvo haciendo dietas con las que conseguía perder algún peso, pero después volvía a recuperarlo. Hace sólo dos años, comprobó cómo su peso volvía a subir hasta casi 100 kilos, y ése fue el momento en que tomó una decisión y se propuso seriamente cambiar su estilo de vida. "Estaba llegando a los 50 años, y decidí que quería alcanzar mi nueva década luciendo fabulosa; me negué a cumplir mis 50 años siendo gorda... ¡Y una vez más lo logré!".

El mismo día en que cumplió sus 50 años de edad, Teresa había logrado perder 15 kilos... ¡había llegado a la meta que se había establecido! Sin embargo, ésa no fue su verdadera victoria. Su triunfo de verdad se produjo en los meses siguientes, al comprobar que era capaz de mantenerse en el peso que había conseguido. A diferencia de otras veces, en esta ocasión Teresa logró mantenerse en forma, sin volver a aumentar de peso. ¿Qué factores resultaron decisivos para que lograra cambiar en esta ocasión...?

- Como antes, Teresa siguió una dieta; incluso observó uno de los planes dietéticos que ya le había funcionado anteriormente. También, como antes, hizo ejercicios físicos con regularidad, aunque no agotadores. Sin embargo, esta vez Teresa contaba con algo que le había faltado en las otras ocasiones: experiencia. Después de varios intentos por perder peso, finalmente había aprendido de sus errores: se había dado cuenta de algunos pequeños detalles que eran imprescindibles para mantener los nuevos hábitos positivos que había incorporado a su estilo de vida. Ahora estaba consciente, por ejemplo, que tenía que resistir los impulsos de refugiarse en las golosinas cada vez que la invadía un estado de estrés o ansiedad.

La mayoría de las personas que se someten a un cambio, cometen errores. Hasta cierto punto, es natural que así sea, porque no hay duda de que la experiencia enseña. Lo fundamental es no permitir que esos errores las desalienten en su intento, y que aprendan a valorarlos como experiencias de aprendizaje. Los investigadores consideran que la propia forma en que las personas explican los errores que cometen en el proceso de cambiar los hábitos negativos por positivos puede ayudar a determinar si esos errores serán productivos o contraproducentes en el futuro:

- Si usted se echa toda la culpa de haber fracasado en el pasado en su intento por cambiar su estilo de vida, y trata los errores cometidos como verdaderas catástrofes, entonces será más propenso a perder su confianza en que llegará a alcanzar el éxito. Usted puede llegar a pensar: "Soy débil, no tengo ningún control sobre mí mismo, no soy capaz de lograr los cambios que me propongo". Y esta autoestimación deficiente sin duda hará aún más difícil lograr el cambio que desea reafirmar.

- Ahora bien, si mantiene la perspectiva adecuada y trata el error como una experiencia más en la vida, entonces tiene muchas más posibilidades de seguir adelante con su objetivo y alcanzar los cambios que se haya propuesto.

Por último, otro elemento importante para mantenerse en la dirección hacia el cambio definitivo es la creación de una nueva imagen de sí mismo. En muchas personas, el cambio finalmente se consuma y se reafirma una vez que consiguen comenzar a verse a sí mismas de una manera diferente... mucho más positiva. ¡Inténtelo!

CAPITULO 7

DETERMINACION...
¡ES LA CLAVE PARA CONVERTIR EN REALIDAD CUALQUIER SUEÑO!

Considere las siguientes preguntas:

- ¿Está hastiado de ese trabajo mediocre que tanto le disgusta, pero no se decide a dejarlo porque se considera "incapaz" de encontrar otro mejor...?
- ¿Es fanático del fútbol, el tenis, el baloncesto, pero se limita a ser espectador porque piensa que "jamás" llegaría a ser un buen deportista...?
- ¿Está convencido de que usted "no nació para tener éxito" en el amor, por lo que ante la primera señal de conflicto en una relación prefiere terminarla y no se esfuerza en lo más mínimo por salvarla...?
- ¿Le entusiasma algún tipo de negocio, pero no se decide a involucrarse en él porque considera que "podría resultar inseguro"...?

Si alguna de éstas —u otras situaciones similares— corresponden con su manera de actuar, entonces usted puede estar seguro de que son sus propios pensamientos los que están imponiendo límites en su vida e impidiendo convertir en realidad sus sueños… y ser feliz, desde luego. El éxito en cualquier área de la vida —en los deportes, en el trabajo y los negocios, y hasta en las relaciones personales— puede ser alcanzado por todos, y el elemento fundamental para llegar a él se limita a una sola palabra:

DETERMINACION

Es esa convicción interna que le permitirá tomar consciencia de cuáles son sus verdaderos objetivos y perseverar en sus esfuerzos hasta obtener lo que desea, aun cuando todos los demás pongan en duda su capacidad para lograrlo.

Afortunadamente, la *determinación* no depende de una combinación de genes con la que sólo unos pocos afortunados nacen; todos tenemos (y podemos) desarrollar aún más nuestra propia determinación. Es más, debo informarle que los seres humanos somos, por naturaleza, determinados. Cada persona cuenta con los medios sicológicos que son imprescindibles para alcanzar cualquier objetivo realista que se proponga. Y hasta en esos momentos críticos en que a veces nos sentimos completamente desorientados, sin ánimos para continuar luchando en la vida, en nuestro interior sigue existiendo una vasta reserva de *determinación.* Cuando eso sucede, lo único que necesitamos es saber cómo escudriñar en nuestro yo interior, sacar la *determinación* al exterior... ¡y activarnos para triunfar en lo que nos proponemos!

Desde luego, la *determinación* nos exige que seamos selectivos porque no podemos luchar con la misma intensidad y decisión para alcanzar el triunfo en diferentes direcciones. Cuando estamos determinados a triunfar en un área en particular de nuestras actividades, hemos logrado dar un paso muy importante para lograr el éxito: identificar nuestro objetivo. ¿Lo siguiente? Luchar con ánimo para conquistarlo, lo cual casi siempre podemos lograr. A continuación le ofrezco seis simples estrategias para desarrollar la *determinación* y convertir en realidad los sueños. ¡Sígalas!

1
REPITASE, CON FRECUENCIA, LA FRASE "YO PUEDO"

En todos los centros de trabajo hay por lo menos una persona que puede ser identificada fácilmente: en todo momento se esfuerza en su trabajo para lograr el reconocimiento de sus superiores y obtener una promoción... ¡y casi siempre la consigue! Son personas que tienen la *determinación* de triunfar en lo que hacen, y nada (ni nadie) las va a apartar del éxito que anhelan. Quizás usted pueda reconocer a este tipo de persona en un amigo que hace un esfuerzo sobrehumano para cumplir sus obligaciones en el trabajo, pero que por la noche continúa estudiando... o investigando lo necesario para comenzar un negocio propio. O en el pintor que debe observar un horario de trabajo para poder cumplir con sus obligaciones económicas, pero que después de pasar todo el día en la oficina, rellenando formularios y modelos que no le interesan, se refugia en su casa y pinta hasta altas horas de la noche para exhibir su obra...

Esta clase de perseverancia y resolución siempre nos impresionan, y consideramos que estos individuos son extraordinarios, fuera de serie. Sin embargo, la realidad es que:

- Aunque no la exterioricemos o utilicemos en forma positiva, todos —abso-lutamente todos— poseemos intrínsecamente esa misma capacidad para salir adelante y triunfar en todo lo que hagamos.

Desde el mismo momento en que nacemos, los seres humanos demostramos ser criaturas con voluntad, capaces de asumir riesgos, y estamos determinados a alcanzar diferentes objetivos. Y para comprobarlo, basta ver a un recién nacido que tiene hambre, o que necesita que le cambien el pañal: su constante y fuerte llanto, que sólo cesará una vez que obtenga lo que requiere, es prueba evidente de su *determinación...* quizás aún no definida, pero muy presente ya en él.

Si todos nacemos con esa capacidad de *determinación, ¿*por qué algunos adultos carecen completamente de ella? La respuesta es muy sencilla... y lamentable:

- A medida que vamos avanzando en edad, esa *determinación* que tenemos por instinto, va siendo transformada en docilidad y obediencia debido a las reglas sociales que rigen el mundo en que vivimos.

La mayoría de los seres humanos nos pasamos la infancia, la adolescencia, e inclusive los primeros años de nuestra edad adulta escuchando una y otra vez una frase que nos impide avanzar hacia el éxito: "No puedes"... "No puedes subirte a un árbol", "no puedes tocar la procesadora de alimentos", "no puedes jugar con las pinturas"... Cuando alcanzamos los 20 años de edad, es muy probable que hayamos escuchado miles de "no puedes"... Y estas palabras —pronunciadas casi siempre en favor de la disciplina— no son precisamente estímulos adecuados para desarrollar nuestra voluntad y aumentar nuestro nivel de *determinación.* Más bien, nos van acondicionando a aceptar limitaciones, a experimentar frustraciones y derrotas que —aunque pequeñas— nos llevan a darnos por vencidos aun antes de que comencemos a esforzarnos por alcanzar cualquier meta.

Si una persona piensa que no es capaz de realizar un esfuerzo determinado, lo más probable es que no pueda hacerlo... ¡porque le falta la *determinación* de enfrentarse a los obstáculos que el mismo pueda representar, y vencerlos! Por lo tanto, ni siquiera es capaz de hacer el intento, porque ya de antemano ha llegado a la conclusión de que "no puede". Desde luego, se trata de una actitud en extremo negativa que nos impide muchas veces avanzar en la vida y ser felices. En cambio:

- Si en nuestra mente comenzamos a repetirnos una frase positiva — "YO SI PUEDO"— entonces asumiremos el riesgo... y probablemente lleguemos a obtener el éxito que deseamos. ¡La *determinación* está de nuestra parte!

Es por ello tan importante que, ante cualquier actividad que vayamos a realizar, estimulemos en nosotros mismos nuestra *determinación,* repitiendo la frase "yo sí puedo". Olvídese de todos los "no puedes" que haya podido escuchar a lo largo de sus años de vida. Ese concepto negativo de que hay que aceptar las limitaciones que impone la vida debe ser vencido. "Yo puedo"... y no importa cuán compleja y difícil le pueda parecer inicialmente la meta hacia la cual quiere avanzar, al menos activado por esta actitud positiva hará el intento de alcanzarla.

2
¡DEFINA CUAL ES SU OBJETIVO!

Para concentrar sus esfuerzos en un objetivo en particular, usted necesita — primero que todo— definir su objetivo. En la mayoría de los casos, la primera limitación en el camino hacia el éxito surge en nosotros mismos, porque no sabemos exactamente qué es lo que queremos... quizás porque muchas veces consideramos que el éxito es inalcanzable. Además, sentimos un temor interno ante la posibilidad de que inclusive después de haber definido nuestro objetivo en la vida podamos cambiar de opinión... y vernos aún más desorientados.

Es natural que este proceso de análisis se produzca en nuestra mente, porque elegir entre muchas posibilidades siempre resulta difícil. No obstante, es un paso absolutamente necesario para alcanzar el éxito en la vida. Considere que:

- Si usted permite que la indecisión y la desorientación lo inmovilicen, en lugar de luchar por su propio futuro está limitándose a esperar pacientemente lo que la vida pueda ofrecerle.

Los más conformistas mencionan que "el destino no puede ser variado", sin saber que al aceptar la inactividad ya de por sí están tomando una decisión: no luchar por el éxito. Evidentemente, cada persona elige lo que quiere ser en la vida... y la realidad es que hay muchas opciones entre las que podemos escoger. Si es así, ¿entonces por qué no elegir la mejor?

¿Qué hacer para definir sus objetivos?

- En primer lugar, apartar de su mente la idea fatalista de que "el futuro está escrito y no puede ser variado".
- Seguidamente, luche por alcanzar el éxito: "Voy a resolver los conflictos en mi hogar", "Voy a ser más productivo en el trabajo que realizo", "Voy a ser un profesional", "Voy a triunfar en el negocio que acabo de emprender".
- Una vez que haya definido sus objetivos, entonces trácese el plan que le permitirá alcanzarlos. Pregúntese, por ejemplo: "¿Qué es lo que necesito para llegar al éxito en este campo...?". La respuesta a esta pregunta invariablemente le exigirá comenzar a mirar bajo una ángulo diferente todos aquellos sucesos del pasado que pudieran haber obstaculizado su avance; es decir, sus desilusiones, sus fallos, los errores previos. Y, por supuesto, es fundamental aprender de las experiencias anteriores para allanar el camino en el futuro.

Analicemos una situación específica: la mujer que sufrió un desengaño terrible en una relación sentimental en el pasado, y que ahora desconfía de las intenciones del nuevo hombre que ha llegado a interesarle. ¿Debe rechazarlo por esa experiencia anterior que —por diferentes motivos— resultó negativa...? ¡Por supuesto que no! Es necesario apartar esos recuerdos negativos y aprovechar la enseñanza que puede trascender de ese fracaso sentimental. Por ejemplo, un triste rompimiento del pasado puede hacerle desconfiar de esa nueva relación sentimental que ha comenzado; por tanto, es necesario que eche a un lado esos viejos recuerdos, y que sólo los utilice de manera positiva.

Todas las relaciones constituyen un proceso de aprendizaje; aprenda de errores del pasado (que usted también pudo haber cometido... considérelo) analizándolos sólo como experiencias para que no se repitan en el futuro. Igualmente, no considere el haber fracasado en su relación anterior como un fallo; véalo como una oportunidad que le ha proporcionado la vida para poner fin a una relación no adecuada y, en el proceso, adquirir mayor conocimiento y madurez.

Aunque sea difícil de reconocer, todos necesitamos tener esta clase de experiencias negativas en la vida. Porque son ellas las que nos ayudan a identificar qué es lo que en verdad deseamos y no deseamos; es decir, a definir mejor nuestros objetivos y metas (vea también el capítulo 4).

Asegúrese, sin embargo, que el objetivo y el plan que usted se trace para alcanzarlo, sean honestos y —por supuesto— realistas. Definir un objetivo de una manera irreal no sólo constituye una pérdida de tiempo, sino que causará frustraciones. Y, considere: ¿no será, en el fondo, una excusa para no esforzarse? Analice sus sueños sobre bases más prácticas. Si mantiene la objetividad siempre en mente, comprobará que es más fácil definir (o redefinir) sus objetivos y metas en la vida.

3
¡TOME ACCION!

Los escritores no escriben un libro en un solo día; escriben hoy unos pocos párrafos, quizás unas cuantas páginas... y al día siguiente hacen lo mismo, y el esfuerzo es diario. Si sólo escribieran una página diaria, en trescientos días tendrían trescientas páginas... y la culminación de todo este trabajo será el libro en su totalidad, ¡en menos de un año! ¿Qué quiero decirle con esto?

- Pues que la constancia —que es parte de la *determinación*— es imprescindible para poder avanzar a buen paso hacia la meta definida.

Este mismo proceder es válido para cualquier propósito. Un corredor no llega a ser un gran atleta en un solo día, ni un cirujano se convierte en un experto en determinado procedimiento quirúrgico al practicarlo una sola vez. Ningún objetivo importante en la vida se logra con un solo intento... casi siempre es necesario alcanzar una serie de pequeños objetivos, progresivamente, hasta llegar al objetivo final:

- La materialización de cualquier sueño importante comienza con pequeños éxitos aislados. Esos pequeños éxitos se van acumulando y nos van llevando hacia el objetivo mayor, que es el que más nos importa.

En cierta forma el éxito debe ser considerado como una reacción en cadena: cada acción que tomemos tiene su efecto... y el efecto de muchas acciones programadas en una misma dirección es lo que nos hace triunfar en la vida.

Con este factor en mente, es importante tomar por lo menos una acción diaria (ya sea grande o pequeña) relacionada con el objetivo que queremos alcanzar en el futuro. Esto puede significar mantenerse al tanto de lo último en tecnología dentro de su campo profesional, buscar un modelo a imitar y estudiar su vida y motivaciones para poder seguir su ejemplo, investigar sobre los cursos que pudiera tomar para su superación personal, investigar sobre las posibilidades de emprender un negocio propio, informarse sobre cursos de orientación artística, etc. Si usted simplemente ejecuta cada día una pequeña acción que pueda afectar positivamente su futuro, es evidente que al final del año habrá ejecutado infinidad de acciones positivas... y el impacto que esta acumulación progresiva de acciones positivas tendrá sobre su vida será extraordinario. Tenga presente que:

- La determinación no un proceso pasivo; usted no puede estar determinado a conseguir algo si activamente no se esfuerza por lograrlo...

Y, en el proceso, existe la posibilidad de que descubra que alcanzar el objetivo propuesto en realidad no produce la misma satisfacción que todo el esfuerzo que ha tenido que realizar para lograrlo.

4
CONCENTRESE

Contrariamente a lo que muchas personas pudieran pensar, el talento no siempre es el factor más importante que determina el éxito que una persona pueda alcanzar en la vida. Entre varias personas que poseen el mismo talento, siempre existe una que se destaca por encima de las otras. ¿Qué es lo que la hace sobresalir si todas son igualmente brillantes...? Usualmente es su persistencia y su perseverancia para alcanzar el éxito... esa atención que presta a los detalles que los otros ignoran, esa *determinación* máxima que pone en su esfuerzo por triunfar.

Si usted concentra todos sus esfuerzos en el éxito que está determinado a alcanzar, y evita perder su tiempo y energías en tareas innecesarias y superfluas, tendrá el triunfo asegurado. Podríamos comparar la situación con lo que ocurre con un vidrio de aumento que se coloca delante de un periódico en un día de sol intenso: si usted mueve el vidrio de un lado a otro, nada ocurrirá; ahora bien, si mantiene el vidrio en el mismo lugar, para que los rayos del sol incidan en un mismo punto, antes de que transcurra mucho tiempo comenzará a ver el humo, hasta que finalmente el papel sea consumido por el fuego. Recomendación:

- Concentre su atención en el objetivo que haya identificado... y encienda su propio fuego.

5
ENCUENTRE (Y MANTENGA)
EL EQUILIBRIO

Encender un fuego puede ser una experiencia extraordinaria... pero cualquiera que se haya sentado junto a una hoguera sabe que las llamas pueden llegar a hipnotizar. ¿Qué quiere decir esto...?

- Pues que si usted consume toda su energía en una sola actividad, y no se presentan problemas mayores, entonces sentirá una satisfacción inmensa.
- Pero si en el proceso algo no funciona como es debido (y es inevitable que algo no marche bien, alguna que otra vez), entonces es probable que sus ilusiones en la vida se derrumben.

Por ello es tan importante tratar de encontrar y mantener el equilibrio; es decir, alternar el trabajo con la distracción, el esfuerzo con el descanso, la concentración con la relajación.

Encontrar el balance en la vida no es sólo conveniente para la salud mental, sino que también —paradójicamente— estimula la *determinación,* porque le ofrece a la mente una oportunidad para relajarse y encontrar una solución creativa a cualquier problema que se pueda presentar.

¿Quién no ha estado lidiando inútilmente durante todo un día con un conflicto para entonces despertarse de madrugada con la sorpresa de haber encontrado una solución brillante? Tenga presente que si en su vida hay varios elementos que requieren su atención, siempre que no estén en conflicto, su energía y su instinto creativo tendrán más oportunidad de recargarse. Ese equilibrio que mencionamos le ayudará a ser más eficiente, más efectivo... ¡y a estar más motivado para triunfar!

6
VIGILE LO QUE DICE... ¡Y PRESTE
ATENCION A LO QUE ESCUCHA!

Sin duda, las palabras poseen un inmenso poder, y en el terreno de la *determinación,* son doblemente poderosas. De hecho, las palabras pueden fortalecer o minar la *determinación* de una persona. Considere al sujeto que constantemente se lamenta con la consabida frase "no puedo"... Es evidente que está convirtiendo esa incapacidad que él supone que tiene para lograr lo que quiere, en una realidad. Por ello:

- Considere que la elección de las palabras que usted emplee al referirse a sus debilidades pueden influir —positiva o negativamente— en su determinación.

Cuando surjan en su mente palabras como "no puedo", haga un esfuerzo por modificar su proceso mental. Para lograrlo, varíe el "no puedo" por "yo no he podido... hasta ahora". Son dos frases muy similares, pero la primera implica el pasado; la segunda el presente y el futuro. Al alterar la forma de expresarse, es evidente que usted está dejando la puerta abierta al cambio. Si al mismo tiempo comienza a repetir "ahora sí puedo", estará fortaleciendo aún más su determinación.

Si usted presta especial atención a lo que dice, también es fundamental que preste especial atención a lo que otros puedan decir. Pregúntese a sí mismo cuál de las personas que están a su lado fortalece su *determinación,* y cuál la debilita. Considere que, por lo general, aquéllos que le rodean suelen —con sus palabras— afectar su determinación de dos maneras básicas: estimulándolo a seguir adelante con sus propósitos, hasta llegar a alcanzar el éxito... o desalentándolo y haciéndolo retroceder o desistir en sus empeños.

- Analice lo que le dicen otras personas, y preste atención únicamente a las palabras de los que le estimulan a avanzar hacia el triunfo.

Vuelva a repetirse "sí puedo", no permita que su *determinación* se vea afectada... y siga avanzando hasta alcanzar el objetivo que se propuso inicialmente. ¡Lo logrará!

CAPITULO 8

¡PROYECTE UNA IMAGEN MAS POSITIVA!

En el campo de las relaciones humanas, muchos individuos fracasan: caen mal, no se integran, son rechazados, nadie les presta atención... ¡los casos los vemos a diario! ¿Por qué sucede esto? Sencillamente porque muchos de estos individuos no ponen en práctica una serie de estrategias, muy sencillas, que —desde el punto de vista sicológico— ayudan a proyectar una imagen más positiva de sí mismas y a establecer una corriente de simpatía personal inmediata con las personas a su alrededor. Estas recomendaciones prácticas pueden ayudarle:

- Póngase siempre en el lugar de la otra persona. Trátela como usted desearía ser tratado.
- Inspire confianza. Ofrezca seguridad a la persona que desea impresionar favorablemente.
- Cuide de que la expresión de su rostro sea siempre amistosa. ¡Más vale una mirada sincera que cien palabras hipócritas!
- Escuche a su interlocutor en una forma relajada, atenta, y sin prisas; proyecte la sensación de que usted está disfrutando el diálogo que se haya entablado.
- Trate de convencerse a sí mismo de que la persona a la que desea caer bien también le simpatiza a usted.
- Demuéstreselo, mencionando y destacando puntos que puedan tener en común (a medida que los vaya descubriendo, desde luego).
- No le repruebe lo que haya dejado de hacer, ni le critique lo que ya haya hecho.
- No ofrezca consejos... a menos que se los pidan. De cualquier forma, ¡cuidado! Esta es un área muy compleja que puede echar a perder la mejor relación inicial que se pudiera entablar.
- Aprenda a mantener absoluta reserva sobre los secretos que le confíen.

- Afine su percepción para detectar los problemas que presentan las demás personas (timidez, recelos, complejos, etc.)... aunque no los expresen.
- Bríndele a cada uno lo que más considere que necesite, como si fuera por casualidad. Por ejemplo: alegría al triste, compañía al solitario, optimismo al frustrado, paz al nervioso, aliento al temeroso...
- Haga una llamada de teléfono a sus amigos de vez en cuando. Esa pequeña molestia es un efectivo estímulo para activar las relaciones humanas.
- No "venda" favores... ¡regálelos! Y nunca exija que se los paguen.
- Trate de merecer el título de "mi amigo", en lugar de ser simplemente "un amigo". El pronombre posesivo "mi" es un sello de aceptación total.
- Su voz y sus manos —al hablar o tocar a alguien— deben ser suaves... nunca bruscas, duras, o rudas. Trate a las personas a su alrededor como si todas llevasen una etiqueta que diga "frágil".

¡ADAPTESE AL MEDIO DEL CUAL FORMA PARTE!

Si usted quiere realmente triunfar en el campo de las relaciones humanas, ante todo debe formularse una pregunta: "¿Tengo facilidad para llevarme bien con la gente que me rodea?". Si la respuesta es negativa (o dudosa), es evidente que debe empezar a hacer un esfuerzo sincero de adaptación a su medio. Para ello:

- Reconozca la realidad del medio en que se desenvuelve, identificando sus posibilidades y sus limitaciones.
- No proteste por lo que no tiene remedio o por lo que usted no puede modificar.
- Participe de las actividades en que se hallan involucrados los demás, no sólo de trabajo, sino deportivas, artísticas, y sociales.
- Viva al nivel social y económico de su grupo, no por encima del mismo.
- No se tenga lástima a sí mismo por vivir en ese medio. ¡Trate de ser feliz en él!
- Olvide los elementos negativos que lo puedan afectar (nada es perfecto en esta vida... considérelo), y aproveche al máximo las experiencias positivas.

- No se imponga metas imposibles de alcanzar en el medio en que se desenvuelve. ¡Triunfe dentro de las posibilidades que existen!
- Respete los conceptos del grupo al que pertenezca, para realmente formar parte integral del mismo.
- Intégrese a las personas a su alrededor. Para ello, comparta sus intereses e identifíquese con sus metas y sus aspiraciones.

¡NO CAIGA EN LAS PELIGROSAS TRAMPAS EMOCIONALES!

¡Cuidado! ¡Peligro! Las trampas emocionales (los estallidos de ira, discusiones violentas, llanto irreprimible, etc.) pueden estropear sus relaciones con las personas a su alrededor, y provocar un rechazo (consciente o inconsciente) en los demás hacia usted. Estos accidentes malogran nuestro entusiasmo y apagan nuestra iniciativa, empañan nuestro sentido del humor, rompen amistades, entibian afectos, nos cierran puertas... Lamentablemente, tropezamos con estas trampas con más frecuencia de la que deberíamos.

La peor de todas las trampas emocionales es la de dejarnos afectar por nuestros temores, ya sean imaginarios o justificados. Entre los mismos podemos contar los siguientes:

- El temor a ser criticados.
- Los celos; la inseguridad con respecto al cariño que nos pueden profesar los demás.
- Los prejuicios y los conceptos inflexibles.
- Las supersticiones.
- El miedo a fracasar.
- El terror a las enfermedades.
- La inseguridad económica.
- El complejo de inferioridad.

En algunos casos, estos temores afectan nuestras relaciones con las personas a nuestro alrededor, creando sospechas y sembrando desconfianza. En otros, matan la alegría y la risa. Y, en el peor de los casos, nos llevan a transformar nuestra verdadera personalidad y a proyectar una imagen diferente de como somos realmente.

Es preciso reconocer esos temores que generalmente llevamos bien ocultos hasta que nos enfrentamos a una situación de crisis... y tratar de eliminarlos antes de que sobrevenga el peligro de caer en una trampa emocional. ¿Cómo podemos superarlos? Considere las siguientes recomendaciones, de efectividad comprobada:

- Cambie las circunstancias que motivan sus temores más íntimos.
- Convierta sus sueños en realidad. Viva como usted haya soñado, y olvídese del qué dirán. ¡Diseñe su propio destino!
- Lea los nuevos libros de Sicología que se publican constantemente, y aplique sus conceptos a la vida cotidiana. Amplíe su mente. Modernice sus ideas. Libérese de prejuicios innecesarios.

Hay otras trampas emocionales —no menos dañinas a nuestra personalidad, desde luego— que son las reacciones descontroladas provocadas por el orgullo exagerado, la susceptibilidad, el odio, el deseo de venganza, el fanatismo político o religioso, la ambición del dinero, el divorcio, el fracaso... Todos éstos son sentimientos muy humanos, y nadie es inmune a ellos. Aceptado. Pero lo que hay que evitar a toda costa es la trampa emocional que supone ese instante tan peligroso de la reacción descontrolada. Para ello:

- No se involucre en situaciones que lo puedan poner fuera de control. Perciba aquéllas que lo puedan hacer vulnerable, y retírese a tiempo.
- No permita que una discusión (aunque usted considere que tiene toda la razón del mundo) le lleve a perder su autocontrol. Es preferible perder la pelea que dañar su imagen ante los demás.

En resumen, el antídoto contra las trampas emocionales es:

APRENDER A CONTROLAR
DEBIDAMENTE SUS EMOCIONES

Cuando se sienta cerca del peligro, deténgase. Analice, pregúntese: "¿Qué es lo que me está poniendo en peligro; o sea, qué me está llevando a perder el control...?". Quizás comprenda en ese momento que el descontrol que lo invade se debe a sus propios prejuicios, a su inseguridad, al temor a la crítica o al antagonismo. "¿Merece la pena que pierda el dominio de mí mismo por esta razón...? ¿Qué actitud me conviene más?". Perder el control —¡téngalo siempre muy presente!— no es conveniente. ¡Nunca!

No obstante, es fundamental que también tenga en cuenta que descontrolarse en un momento dado es una característica del ser humano.

Comprenda (y acepte) que los demás suelen caer en esa trampa emocional. Reconozca la situación a tiempo... ¡y evite que los demás le arrasten a usted!

¿HABITOS NEGATIVOS? ¿TICS NERVIOSOS? ¡PUEDEN AFECTAR LA IMAGEN QUE DESEA PROYECTAR!

Los hábitos negativos también pueden afectar la imagen que queremos proyectar ante los demás. Los calificamos de "negativos" porque consideramos que de alguna forma afectan nuestra vida. Sin embargo, la Ciencia ha permitido comprobar que muchas veces nacemos con ellos... y en otras, que nos proporcionan cierto grado de autoseguridad. ¿Erradicarlos...? ¡De usted depende!

Veamos una serie de situaciones reales y cómo las mismas han afectado a las personas que se han visto involucradas en ellas:

- **Guillermo F.** es un hombre brillante, con amplios conocimientos en la administración de empresas internacionales. Su talento y habilidad han sido siempre reconocidos por sus jefes, pero cuando hace poco se presentó una oportunidad para dirigir una sucursal de la compañía para la que trabaja en Estados Unidos, su solicitud fue pasada por alto. ¿Motivo? Guillermo F. es tartamudo, y cuando está sometido a grandes tensiones, apenas se le entiende lo que dice... además, aunque habla bien el inglés, su incapacidad para expresar normalmente sus pensamientos provoca un estado de ansiedad grande en las personas que lo escuchan.

- **Alina R.** es una excelente pintora, y sus obras alcanzan precios elevados en el mercado internacional del Arte. Sin embargo, quienes realmente la conocen, saben que es muy fácil negociar los precios de sus cuadros con ella. Cuando Alina R. menciona lo que espera recibir por una de sus obras, comienza a pestañear repetidamente... con lo cual le está indicando a su comprador en potencia que considera que el precio que está pidiendo es excesivo y que se conformaría con uno mucho más bajo.

- **Ada B.** es una joven sumamente atractiva, ante la cual todos los hombres se voltean para admirarla. Sin embargo, ya Ada tiene 28 años y todavía no se le conoce un hombre fijo a su lado... una situación que ella atribuye a "mi mala suerte". Si analizáramos bien su caso, comprobaríamos que esta joven tiene un problema enorme para expresar sus emociones y pensamientos. Prácticamente termina cada frase que pronuncia con un "¿me oyes?" y un "¿me comprendes?" que llega a volverse intolerable.

- **Horacio G.** es un hombre felizmente casado que trabaja como representante de varias empresas editoriales latinoamericanas, lo cual le obliga a viajar mensualmente a diferentes países para proponer los nuevos libros publicados a librerías y distribuidores. En algunos de esos viajes, le ha sido infiel a su esposa... aventuras sin importancia que, realmente, no han tenido mayor trascendencia. Sin embargo, por más que niegue su infidelidad, su esposa sabe cuándo él le esta mintiendo, ya que ante sus preguntas directas ("¿me has sido infiel?", "¿cuándo?", "¿con quién?"), Horacio mueve los hombros como si tratara de ajustarse una chaqueta que le quedara mal, y hace una serie de muecas características con la boca... ¡La huella del delito la lleva en sus propios movimientos!

- **Esperanza C.** es modelo, y aunque no es famosa, constantemente está siendo fotografiada para revistas internacionales. Por años ha tratado de erradicar un hábito negativo que, confiesa, no puede controlar: se muerde nerviosamente los labios al enfrentarse a una cámara, o si tiene que desfilar por una pasarela exhibiendo los nuevos modelos de un determinado diseñador. Sin embargo, muchos consideran que se trata de un gesto sensual, y su agente atribuye su demanda precisamente a ese hábito que Esperanza no logra erradicar...

Y usted, ¿tiene algún hábito que considere negativo... o sufre de algún tic nervioso que desearía controlar y erradicar definitivamente de su vida? A menos que se trate de una condición muy bien definida (como morderse las uñas, aclarar la voz si está hablando, tamborilear con los dedos sobre una superficie, etc.) la mayoría de las personas a las que se les plantea esta pregunta se apresuran a responder negativamente. Por ello, no es extraño que usted considere que no tiene ninguno de esos hábitos negativos o manías que pueden afectar su imagen ante los demás.

Por ejemplo, usted no fuma. Tampoco bebe en exceso ni come con glotonería. Ni siquiera ha desarrollado el hábito negativo de "comerse las uñas"... una costumbre que —según estadísticas siquiátricas— afecta a casi un 50% de las personas en algún momento de sus vidas. En fin, que en materia de hábitos que pudieran perjudicar su salud (o que molestan a las personas a su alrededor) usted es una excepción... o cree serlo. Porque, pensándolo bien, ¿no acostumbra a rascarse la nariz, aunque no sienta escozor alguno, cuando alguien le formula una pregunta que usted no sabe cómo responder debidamente? ¿No hay veces en que, repetidamente, incluye la frase "¿tú me comprendes?" o "me escuchas" al hablar con una amiga sobre algo que le sucedió y que no sabe cómo explicar? Pues bien, también ésos son pequeños hábitos negativos que probablemente ha ido adquiriendo con los años —sin que realmente sepa cómo ni por qué— y que a veces le hacen parecer hasta algo infantiloide.

A pesar de que ha tratado de eliminarlos en distintas oportunidades, y ha puesto empeño por erradicarlos, no ha podido. ¿Por qué? Una explicación sencilla:

- Muchos de estos hábitos (que nos apresuramos a calificar de negativos porque no quisiéramos tenerlos) y tics nerviosos nos proporcionan auto-seguridad y calman nuestras ansiedades si estamos sometidos a situaciones de estrés... por lo tanto, es lógico que no queramos desprendernos de ellos.
- Además, algunos se derivan de nuestros instintos más primitivos, y neutralizarlos requiere ir —muchas veces— en contra de nuestra propia naturaleza... un recurso con el que no todos los Siquiatras y Sicólogos están de acuerdo.

EN EL MOMENTO EN QUE NACEMOS, ¡YA HAY HABITOS QUE TENEMOS ESTABLECIDOS!

Si usted es padre (o si en su familia hay algún bebé), seguramente habrá podido observar una amplia variedad de hábitos en los pequeños, muchos de los cuales calificamos de "manías". Y si realmente es observador, podrá advertir que muchos de esos hábitos son verdaderos rituales que el bebé repite una y otra vez, diariamente, sin apartarse en forma alguna de todos los movimientos o actividades que forman parte de esa especie de ceremonia en la que él es el protagonista. Por ejemplo: a la hora del sueño es una ocasión en la que se repiten casi siempre estos rituales... ¡Y pobre de la madre que no se integre a los mismos... o —peor aún— que pretenda modificarlos! El bebé se rebela inmediatamente ante cualquier variación en "su rutina" —y muy ruidosamente, por cierto— no hay modo de lograr que concilie el sueño mientras que no se haya restablecido el orden... su orden, su ritual.

Chuparse el dedo pulgar es una actividad que pudiéramos considerar casi sagrada para la mayoría de los pequeños, y esto no extraña en forma alguna a los Pediatras y Sicólogos, los cuales consideran que se trata de una situación absolutamente normal, ya que han podido comprobar —por medio del sonograma, una prueba que se le hace a la madre embarazada, y que permite observar al feto en el interior del vientre materno— que muchos se chupan el dedo aun desde que se hallan en el útero. El por qué de ese fenómeno no se ha podido determinar hasta el presente, pero lo cierto es que, en muchísimos casos, el bebé se seguirá chupando el dedo hasta una edad avanzada. En otras ocasiones, no le bastará con chuparse el pulgar, porque muchos añaden otra rutina al ritual ya establecido: enredar el dedo que van a chuparse en el pañal... como si de esta manera confirieran un carácter más personal al gesto.

¿QUE TIEMPO PUEDE DURAR ESTE HABITO?

El concepto de que el bebé pueda deformarse el labio (o los dientes) con ese hábito negativo de chuparse el dedo atormenta a muchas madres, las cuales lo combaten de mil maneras diferentes. La realidad es que todo esfuerzo en ese sentido será en vano, porque todos los estudios realizados al respecto han permitido comprobar que:

- Suelen transcurrir varios años antes de que el pequeño deje de chuparse el dedo... si es que el hábito llega a desaparecer completamente.

Pero aun así, la tendencia a recurrir a este hábito negativo —al menos en determinados momentos— suele mantenerse vigente, y en forma clandestina, en niños ya mayores... inclusive en adultos, porque hay seres humanos que desarrollan actividades muy importantes, y que ocupan posiciones ejecutivas, los cuales, cuando están involucrados en algún tema difícil o se enfrentan a una situación de conflicto, por instinto se llevan un dedo a los labios con gesto pensativo... O, si son hombres y tienen bigotes, se lo acarician mientras piensan... lo cual los Siquiatras consideran que es una derivación del hábito primitivo de chuparse el dedo.

Otras personas suelen masticar los lápices... o pellizcarse y darse golpecitos en las mejillas, como buscando la respuesta a un tema que les inquieta... O morderse los labios en sus momentos de meditación más profundos... Estos hábitos son derivados del más primitivo de todos: el instinto fetal de chuparse el dedo... y todos serán en extremo difíciles de eliminar, porque se hallan muy arraigados en el comportamiento del ser humano, aunque conscientemente éste los rechace porque considere que son "hábitos negativos".

LA CONVENIENCIA DE ELIMINAR
LOS HABITOS NEGATIVOS...

Es evidente que todos esos hábitos que consideramos negativos pueden influir en la imagen personal y profesional de los individuos que se ven afectados por ellos... como hemos podido apreciar en los ejemplos expuestos en este capítulo, ya sea el administrador de una empresa internacional, una modelo profesional, un político, o un profesor universitario. De todas esas personas, esperamos siempre un comportamiento sereno, y rechazamos la imagen de un individuo nervioso e inseguro que no pueda dejarse en paz el bigote en momentos de tensión, o que necesite apoyar los dedos en los labios mientras llega a la solución de un problema que le abruma.

Pero... ¿cómo se pueden combatir todos estos hábitos si los practicamos por instinto en la mayoría de los casos? ¿Qué se puede hacer para erradicarlos, si ya han llegado a formar parte de nuestro comportamiento... por no decir de nuestra propia personalidad?

Eliminar los hábitos negativos no es una empresa fácil, pero tampoco está condenada a un fracaso irremisible, como algunas personas pudieran pensar. Desde luego, para neutralizar esas costumbres arraigadas se requiere de constancia en el esfuerzo, y muy buenas dosis de optimismo para que los primeros fracasos —que sin duda los habrá— no nos desanimen en el intento, antes de haber llegado a dominar (y superar) completamente el hábito en cuestión. Las siguientes estrategias pueden ayudarle a superar estos hábitos negativos y a proyectar una mejor imagen ante los demás.

PRIMER PASO:
¡SER CONSCIENTE DE QUE
NOS ESTA AFECTANDO!

Es fundamental enfrentarnos a la realidad, sin excusas de ningún tipo. Es decir, considere que:

- En efecto, ha desarrollado un hábito negativo, y que es importante erradicarlo, porque de alguna manera está afectando su vida en una forma adversa (su imagen ante los demás, básicamente).

Así, al levantarse cada mañana, dedique unos minutos a recordar que sus uñas, cortas hasta la raíz, llamaron la atención a alguien que en algún momento le echó en cara —con toda la mala intención del mundo— que usted se "comía las uñas"... O la ocasión en que su jefe, inquieto porque no obtenía una respuesta inmediata al problema que le había planteado, mencionó sarcásticamente que dejara de morderse los labios y que le ofreciera la solución que esperaba... O la situación en la que el Jefe de Empleos del banco para el cual deseaba trabajar le prestó un lápiz para que rellenara la planilla de solicitud, y usted se vio obligado a devolvérselo completamente mordido, porque sus nervios le llevaron a mordisquearlo de una manera instintiva, mientras buscaba la mejor respuesta para cada una de las preguntas planteadas... ¡Qué bochorno! Evoque todas esas situaciones, siéntase mal al recordarlas, y tome la decisión —irrevocable, desde luego— de que va a actuar en la dirección correcta para erradicar esos hábitos negativos que tanto pueden afectar la imagen positiva que usted desea proyectar ante todos.

Son recuerdos que, desde luego, lo más probable es que produzcan una extraña mezcla de emociones en usted, todas desagradables: vergüenza, enojo con usted mismo, frustración (por haber perdido una oportunidad importante)...

- Ese instante de convicción ante la situación es, precisamente, el más indicado para iniciar su acción y erradicar el hábito negativo.

Mírese en el espejo, y permita que el bochorno, la contrariedad, el desprecio por su debilidad, y el temor a volver a hacer el ridículo en público lo envuelvan en lo que algunos pacientes que han buscado ayuda siquiátrica para erradicar hábitos negativos describen como "oleadas... a veces sofocantes, pero otras tan frías que provocan un estremecimiento completo del cuerpo". Es su momento crucial de decisión... ¡y no puede (ni debe) escapar de él!

Siga este sistema sencillo de enfrentamiento con la realidad, todas las mañanas, hasta que compruebe que en su interior se ha desarrollado una verdadera repulsión por el hábito negativo en cuestión, porque a toda costa desea evitar los efectos que el mismo puede provocarle. Poco a poco dejará de morderse las uñas... y éstas finalmente empezarán a crecer. Es el momento de premiarse por el éxito que ha logrado con su esfuerzo. ¡Cuide amorosamente de esos retoños de uñas! Cepíllelas para darles brillo, aliméntelas con zumo de limón o aceite de almendras para fortalecerlas... Y una vez que considere que sus uñas han vuelto a ser normales, muéstreselas a usted mismo, reflejadas en el espejo. Después, al conversar con extraños, mueva moderadamente las manos para que todos puedan admirar el contraste con aquellas "otras uñas mordidas" que tenía semanas atrás... Y sonría, complacido, si alguien le menciona la diferencia. ¡Siempre hay observadores que prestan especial atención a todas estas cuestiones!

SEGUNDO PASO:
¡BUSCAR EL MOMENTO MAS OPORTUNO
PARA TOMAR ACCION!

Para vencer un hábito negativo que se ha arraigado en usted, la mejor estrategia es esperar el momento más oportuno para erradicarlo. Y, por supuesto, tome en consideración que:

- Hay infinidad de hábitos que pudiéramos considerar negativos, además de los obvios que ya he mencionado... desde el hábito negativo de llevar una vida sedentaria, hasta el de fumar o tomar pastillas para dormir.

Por ejemplo: supongamos que usted no puede resistir la tentación de comer alimentos fritos y saturados de grasas, los cuales añaden centímetros a su cintura, además de que perjudican seriamente su salud porque incrementan su nivel de colesterol y triglicéridos en la sangre... Pues no se le ocurra tratar de eliminar ese hábito negativo durante las dos semanas de vacaciones que pasará próximamente en la playa. De hacerlo, se estaría sometiendo a una tortura constante, no sólo arruinando sus propias vacaciones, sino las de las personas que lo acompañen (estarán conscientes en todo momento de que usted tiene "un problema"... además de que constantemente se verán involucradas en las situaciones de conflicto que usted estará planteando).

Cuando nuevamente se halle en territorio que considere adecuado —siguiendo horarios ya establecidos, y rutinas que ha repetido por años— entonces es el momento de reflexionar sobre su hábito negativo... ¡y tomar acción! Ni siquiera así será fácil luchar contra ese hábito arraigado. Habrá días en que la costumbre será más fuerte que su voluntad y lo hará volver atrás en sus propósitos. Este es un desliz comprensible... y perdonable, por supuesto. Considere que el paso atrás en sus propósitos ha sido un pequeño contratiempo en sus intenciones, y no un revés total... Y vuelva al punto de partida donde comenzó a erradicar su hábito negativo: repítase frases como "las grasas son perjudiciales para mi salud, me hacen aumentar de peso, y debo eliminarlas completamente de mi dieta. Estoy consciente de ello, y mi decisión es firme... Ya sé que en determinados momentos puedo flaquear en mis propósitos, de modo que mi firmeza debe ser aún más fuerte". Y así, movido por esa convicción, logrará apartarse de las grasas, hasta que ya los alimentos grasosos dejen de interesarle.

De esta manera, progresivamente, sin imponerse metas exageradas que luego resulten imposibles de mantener, irá venciendo al hábito negativo que se ha arraigado en usted, y llegará a estabilizar su vida nuevamente.

TERCER PASO:
¡BUSQUE AYUDA!

Supongamos que su hábito negativo consiste en tomar café varias veces en el día. ¡No en balde le cuesta trabajo conciliar el sueño en las noches... y es comprensible que su presión arterial esté siempre danzando entre el nivel considerado como saludable y el que indica que ya se halla en una zona de peligro! Pero, ¿cómo dejar el café, que es su bebida favorita...? Es más, cuando lo ha hecho (porque en todo momento usted está consciente de que se trata de un hábito negativo para su salud) ha sufrido de migrañas aterradoras, y de una tensión que le ha resultado difícil de controlar. Entonces, ¿debe resignarse a seguir bebiendo tazas y más tazas de café por el resto de sus días, consciente del daño que está ocasionando a su organismo? No, por supuesto que no.

Como se ha comprobado que la cafeína forma hábito, obtenga la ayuda de alguien con quien comparta determinadas horas del día... ya sea su cónyuge, un amigo, su secretaria, o un compañero de trabajo. Confiésele que su intención es ir disminuyendo gradualmente el consumo de café, hasta lograr limitarlo a una o dos tazas al día... y pídale ayuda para poder llegar a esa meta que se ha propuesto. Sólo basta pedir ayuda para comprobar que hay infinidad de personas en este mundo que están dispuestas a ofrecer su asistencia... sólo que a veces nadie la pide. Y esa ayuda que usted busca puede consistir, simplemente, en recordarle que el café no es conveniente para su salud, o en convertirse simbólicamente en una especie de guardián de su salud al que usted no querrá defraudar.

CUARTO PASO:
¡SUSTITUYA UN HABITO NEGATIVO
POR OTRO QUE SEA POSITIVO!

Para eliminar un hábito que considere negativo, nada más adecuado que sustituirlo por otro positivo; es decir, por algún elemento que le proporcione placer o satisfacción. ¡Es la ley de la compensación... y todos tratamos de *compensar* nuestras frustraciones en esta vida!

Por ejemplo, las personas que fuman se ayudan con la goma de mascar; los individuos que quieren bajar de peso y no pueden, sustituyen aquellos alimentos que les son nocivos (grasas y dulces) por otros que son igualmente nutritivos, que sacian el apetito, pero que son bajos en calorías (vegetales y frutas, por ejemplo)... Como dejar el hábito de alguna sustancia que produce cualquier tipo de hábito o adicción es siempre un proceso difícil —porque inmediatamente se manifiestan los síntomas de la retirada, sumamente desagradables— en estos casos se recomienda a la persona que desea erradicar el hábito negativo que se premie a sí misma con alguna recompensa especial: si comprueba que está logrando dejar de morderse las uñas cuando lo invadan los nervios, cómprese un buen reloj pulsera, para que cada vez que se mire las manos vea sus uñas intactas... y su recompensa: el reloj. Los premios, sicológicamente refuerzan la voluntad para luchar contra un hábito negativo ya establecido.

¿COMO ESCAPAR DEL MAL HUMOR?

Todos, en algún momento, sufrimos lo que podrían llamarse episodios de mal humor... situaciones pasajeras que no solamente nos pueden hacer la vida imposible, sino afectar negativamente la imagen que proyectemos a los demás. Las investigaciones al respecto demuestran que:

- El mal humor es una condición que se manifiesta con mucha más frecuencia en las mujeres que en los hombres (el doble), aunque éstos también hay veces que se sienten literalmente miserables debido a que las cosas no suceden (o no se les presentan en la vida) como ellos esperan.

En las mujeres los episodios de mal humor también duran más. Después de sufrir una experiencia desagradable, en vez de tratar de olvidarla y dejarla en el pasado para continuar avanzando hacia el futuro, los estudios revelan que la tendencia general de las mujeres es continuar hablando de la situación que ha provocado en ellas el mal humor, o inclusive recrear la experiencia negativa una y otra vez en la mente, en un proceso que sin duda tiene sus vestigios de masoquismo. No es de extrañar que de repente ese mal humor que muy bien habría podido ser pasajero (de haber adoptado una actitud positiva ante el mismo), se convierta en un factor que empañe la visión total sobre la vida, a la cual verá en una forma distorsionada, agresiva, injusta.

Este proceso recibe el nombre de "rumiar lo desagradable", y la situación, por supuesto, impide que la persona afectada vea las situaciones que realmente la afectan con la debida objetividad.. ¿Resultado?

- Se produce un verdadero círculo vicioso de tristeza y depresión... y en un momento dado la persona llega a convencerse a sí misma de que no es capaz de resolver los problemas que la embargan... lo cual la hace sumirse aún más profundamente en el mal humor.

Los estudios que se han llevado a cabo sobre los factores que causan el mal humor ponen en evidencia que aquellas personas que no saben cómo escapar de estos episodios, con frecuencia se ven sumidas en estados de depresión profunda. ¿Antídoto? Parecería que combatir la depresión podría ser la solución a estos estados pasajeros de mal humor, pero la realidad es que se hace necesario recurrir a otras estrategias de control para evitar los estragos que estas emociones negativas pueden ocasionar.

A continuación le ofrezco siete estrategias diferentes para combatir el mal humor y mantener siempre una actitud positiva ante la vida.

1
HABLE SOBRE LOS FACTORES QUE PUEDAN HABER CAUSADO EL MAL HUMOR EN USTED...

La próxima vez que sienta que el mal humor comienza a invadirlo, llame inmediatamente a una persona que le resulte agradable (y que considere que es capaz de comprenderlo debidamente), y explíquele con toda confianza que se siente invadido por el mal humor y por la frustración. Exponga sus quejas una sola vez, escuche lo que la persona amiga tiene que decirle, y pase a conversar sobre otros temas más optimistas.

Hablar indefinidamente sobre sus problemas, quejarse de la vida, y tratar de justificar el mal humor que lo invade de mil maneras diferentes no le hará sentirse mejor. Tampoco habrá encontrado a la persona idónea para manifestar sus quejas, si ésta se limita a estar de acuerdo con usted, a solidarizarse con sus quejas, y no toma medida alguna para demostrarle que la vida es maravillosa y que usted está pasando —únicamente— por un mal momento... y superable, desde luego.

2
OBSERVE COMO Y CUANDO SE MANIFIESTAN SUS EPISODIOS DE MAL HUMOR...

¿Cómo se siente al comenzar el día? Anótelo en una libreta, para que de esta forma inicie un registro de sus variaciones emocionales... un sistema infalible para detectar cómo y cuándo se manifiesta el mal humor en usted. Durante el día, y en diferentes momentos, anote igualmente cuáles son sus niveles de energía, y el estrés al que pueda estar sometido. Por supuesto, registre cuál es su estado de ánimo en ese instante. Considere asimismo que hay factores que también pueden afectar su buen humor, y entre éstos se encuentran el número de horas que haya dormido la noche anterior, e inclusive el volumen de alimentos ingeridos. Preste atención a pequeñas señales que pueden revelar estrés (golpear rítmicamente una superficie con los dedos, por ejemplo... o tal vez mover los pies con cierta inquietud).

Después de varios días, analice sus anotaciones, y compruebe en qué momentos se manifiesta su mal humor, y a qué factores lo puede atribuir. Una vez que haya identificado cuáles son los elementos que pueden sabotear su buen humor, tome medidas efectivas para neutralizarlos. Por ejemplo: puede dormir un rato más en las mañanas (o tal vez tomar una breve siesta después de almuerzo), ingerir alimentos que le proporcionen energía, evitar asumir tantas responsabilidades al mismo tiempo, dedicar ratos para realizar actividades que de verdad le complazcan... ¡Actúe para sentirse mejor!

3
¡EVITE LAS TRAMPAS DEL MAL HUMOR!

Las investigaciones sobre el mal humor revelan que muchas personas con frecuencia ingieren algún alimento dulce mientras están sometidas a elementos que les causan estrés. Y aunque ese alimento dulce pueda aliviar el mal humor momentáneamente, se ha comprobado que surge nuevamente después de una o dos horas. Lo mismo sucede con el alcohol: un trago puede aumentar el nivel de energía y —hasta cierto punto— calmar los nervios. ¿Después? El mal humor y la frustración causan estragos aún peores. Por lo tanto, la recomendación es evitar estas trampas que generan el mal humor. ¡Control!

4
¡HAGA EJERCICIOS!

La experiencia demuestra que el mal humor con frecuencia invade a muchas personas debido a una combinación de dos elementos diferentes: tensión y cansancio. ¿El mejor antídoto para situaciones en las que el humor tiene esta causa?

- Hacer ejercicios físicos que obliguen a la persona a mantenerse en actividad durante un período entre 15 y 30 minutos, en días alternos.

Asimismo, cuando se comiencen a manifestar los primeros síntomas del mal humor (los cuales pueden ser identificados como una sensación de inconformidad ante todo), una buena caminata a paso apresurado es muy efectiva para controlar emociones negativas y provocar un estado de relajación.

5
¡DISTRAIGASE!

Ante señales de mal humor, interrumpa sus obligaciones y posponga todas sus responsabilidades, por importantes que éstas puedan ser. En su lugar, haga lo que se le antoje... ya sea involucrarse en el pasatiempo de su preferencia, escuchar música, leer, o simplemente mirar una buena película en la televisión. Muchas mujeres alivian el mal humor yendo de compras a las tiendas; en el caso de los hombres, pescar por lo general calma sus tensiones y les permite equilibrar sus estados de ánimo.

6
POSPONGA SUS PREOCUPACIONES...

Considere siempre que el mejor momento para hacerle frente a los problemas se presenta cuando sus emociones se hallan en equilibrio, si su estado de ánimo es positivo. En otras palabras: si está de buen humor. Por lo tanto, evite tomar decisiones importantes en aquellos momentos en que le invada el negativismo y se sienta vulnerable ante los embates —justificados o injustificados— de la vida. Además, considere que el tiempo varía las perspectivas con las que analizamos las situaciones que confrontamos: lo que hoy nos puede parecer un problema enorme, imposible de resolver, mañana tal vez lo veamos como una simple contrariedad que puede ser controlada con un cambio de actitud. Una vez que logre neutralizar (o posponer) sus preocupaciones, ya no hay sentido para el mal humor... y usted se podrá sentir en control absoluto de sus emociones.

7
EVITE ESAS PERSONAS CON
VIBRACIONES NEGATIVAS...

Hay personas que, sencillamente, nos resultan irritantes... ¡activan en nosotros el mal humor! Y no se sienta culpable si identifica uno de estos seres entre las personas que forman parte de su círculo más íntimo, porque la experiencia demuestra que hasta un ser muy querido puede resultarnos intolerable en determinados momentos, y provocar en nosotros estados de ánimo negativos. Identifique a estas personas que, evidentemente, emanan vibraciones negativas... o sus vibraciones no son compatibles con las nuestras. Y, sencillamente, apártese de ellas, o limite el contacto con ellas. ¿Cómo identificarlas? Estas personas son las que constantemente ofrecen consejos, las que se valen de mil formas diferentes para manipularnos, las que con frecuencia hacen comentarios hirientes de doble sentido... Con intención o sin ella, nos irritan. Por lo tanto, elimínelas de su camino para que vuelva a prevalecer el buen humor en sus emociones.

CONSIDERE, ADEMAS...

ALGUNOS HABITOS NO SON
TAN NEGATIVOS... DESPUES DE TODO

Hay hábitos que calificamos de negativos pueden afectar nuestras vidas en formas diferentes... Sin embargo,

- En determinadas situaciones alivian algunas tensiones en el individuo que los ha adquirido.

Además, muchos de estos hábitos que llegan a formar parte de nuestra personalidad tienen un aspecto simbólico que refleja las motivaciones de las persona que los ejecuta. Entre ellos se hallan los siguientes:

- **Juguetear con los cabellos, o con cualquier objeto.** Hay hombres que se retuercen un mechón de cabellos o se acarician el bigote... o mujeres que se quitan y ponen los aretes, o limpian los anteojos una y otra vez... Esto indica que todos estos individuos están considerando diferentes alternativas, las cuales están barajando en esos instantes en la mente, mientras toman una decisión que consideren que es la más adecuada.
- **Tamborilear con los dedos sobre una superficie.** Esto indica que el individuo está pensando en ciertos elementos que aún no ha expresado

y se siente presionado por sus propios pensamientos. Tal vez duda si debe emitirlos, o si es preferible callar... Mientras decide, mueve nerviosamente los dedos sobre una superficie, o chasquea los dedos.

- **Morderse los labios.** Este es un hábito muy común entre las mujeres, y tiene su origen en un concepto puramente social... la idea general de que el gesto le da un aspecto más juvenil y atractivo. El gesto, sin embargo, no es exclusivo de las mujeres... al punto de que muchos políticos desarrollan a propósito este hábito para proyectar una imagen más dinámica y sensual, que atraiga a las multitudes.

- **Las frases que se repiten inconscientemente.** Muchas personas mezclan algunas palabras o expresiones acuñadas con lo que están diciendo... y lo hacen constantemente. Por ejemplo, "¿usted sabe?", o "¿me comprendes?"... Al incorporar estas frases en nuestras expresiones habituales estamos tratando de encontrar las palabras que mejor definan los pensamientos que deseamos expresar... y evidentemente no las hallamos. El origen de este hábito negativo es la falta de fluidez al hablar o al pensar, y es un hábito que puede ser corregido fácilmente leyendo diariamente en voz alta durante 15 ó 20 minutos, hasta acostumbrarnos a expresar pensamientos sin la necesidad de interrumpirlos por la inseguridad de que nuestro interlocutor no los esté asimilando debidamente.

- **Carraspear o aclarar la voz.** Este hábito negativo es frecuente entre personas que sienten que no tienen la autoridad necesaria para hacerse oír o darse a respetar. El hecho de emitir esos sonidos antes de empezar a hablar indica que sienten el temor de que sus oyentes en potencia no muestren interés en escuchar lo que él va a decir. Para compensar esta inseguridad, reclama la atención de su audiencia en potencia al aclararse la voz con esos sonidos característicos de quien se pone en condiciones de hablar en público. Este hábito lo ayuda a recuperar un poco de confianza en sí mismo.

LOS TICS NERVIOSOS

A veces repetimos la contracción de un músculo (o grupo de músculos), sin ejercer control alguno sobre el mismo... ¡Esa es la descripción de un *tic* *nervioso!* Casi siempre los *tics nerviosos* se manifiestan en la cara, los hombros y los brazos, y ejemplos de los mismos son el pestañear continuamente y sin motivo, torcer la boca, o encogernos de hombros.

Por lo general:

- Los tics nerviosos son evidencia de una perturbación sicológica de menor importancia, y muchos de ellos se desarrollan en la infancia; es más, se estima que aproximadamente el 25% de los niños presentan algún tipo de *tic nervioso,* aunque esta condición es tres veces más frecuente en los varones que en las niñas.

Si se presenta una situación de estrés, o si alguien le menciona el *tic* en cuestión a la persona afectada, el mismo se vuelve más agudo y frecuente. Curiosamente, si la persona duerme, la mayor parte de estos *tics* llegan a desaparecer... lo que hace pensar que son recursos emocionales de los que nos valemos para apoyarnos en situaciones de ansiedad o de inseguridad.

Casi todos los *tics nerviosos* desaparecen en la niñez, pero algunos se mantienen cuando el individuo llega a ser adulto. Y si bien logran ser controlados, muchos especialistas no están de acuerdo en recurrir a este tipo de método de corrección o ajuste, ya que consideran que:

- Los *tics nerviosos* permiten liberar una gran parte de la tensión emocional que el individuo acumula en su diario vivir.

Si los *tics nerviosos* son severos, pueden ser tratados con sustancias químicas especiales, como son los medicamentos a base de benzodiazepina y los medicamentos antisicóticos… siempre bajo receta médica. Como ejemplo de estos *tics nerviosos* severos están las contracciones involuntarias del diafragma (el músculo que separa el tórax del abdomen), lo cual provoca sonidos característicos, y el llamado "Síndrome de Gilles de la Tourette", un desajuste que fue descrito por el neurólogo francés Gilles de la Tourette (en 1885), y que se caracteriza por toda una serie de movimientos involuntarios y sonidos que la persona emite, incluyendo ladridos.

CAPITULO 9

FLEXIBILIDAD EMOCIONAL:
¿TIENE LA CAPACIDAD PARA SOBREVIVIR UNA CRISIS?

Hay personas que logran superar con más facilidad un revés de la vida. ¿Por qué? ¿Qué factores influyen para que no duelan tanto los golpes que recibimos? ¿Existen estrategias para aumentar nuestra capacidad para sufrir... y reponernos de los reveses que nos afectan?

Una realidad inexorable: las crisis abundan... ¡y se nos pueden presentar cuando menos las esperemos!

- El verano pasado, por ejemplo, **Gustavo Rodríguez** perdió su empleo. La compañía en la que trabajaba llevaba algunos meses afectada por una serie de problemas económicos y las ventas habían sufrido un declive acelerado. Los rumores de que "algo inminente" habría de pasar eran cada vez más fuertes, y todo esto contribuía a un estado de estrés severo en los empleados. Por fin, semanas después, la empresa se declaró en bancarrota y Gustavo, junto con muchos más, quedó en la calle.
- El caso de **María Eugenia Fuentes** es más triste. Durante unas vacaciones con su esposo y su único hijo, un accidente automovilístico provocó la muerte de sus dos seres más queridos; ella quedó hospitalizada por tres semanas, en estado crítico. En el plazo de unos minutos su vida experimentó un cambio radical, y su familia dejó de existir.

Como estos casos hay muchos, desde luego. La vida nos proporciona momentos de inmensa felicidad, pero a veces también nos lleva por caminos muy difíciles que ponen a prueba nuestra capacidad (y habilidad) para superar los contratiempos que se nos presentan... "situaciones de crisis", las llamo yo. Algunos de estos reveses pueden tener un gran impacto en nuestra vida emocional (como nos demuestran las historias de Gustavo y María Eugenia); otros son de menor trascendencia y se olvidan en cuestión de horas.

¿QUE FACTORES DETERMINAN LA FLEXIBILIDAD EMOCIONAL?

Si tuviéramos que diferenciar nuestras "crisis" de acuerdo con el impacto que éstas provocan en nuestra vida emocional, las descritas por los casos de Gustavo y María Eugenia incluyen situaciones profundamente traumáticas que estremecen los pilares más importantes de nuestra estabilidad emocional. El resto incluye las situaciones de menor trascendencia que ocurren con mucha más frecuencia en nuestras vidas, como por ejemplo la desilusión que sentimos cuando otra persona recibe una promoción que creemos merecer. Pero independientemente de la intensidad de los contratiempos que la vida nos presenta a diario, todas las situaciones negativas que nos afectan requieren que hayamos desarrollado una reserva de fortaleza emocional junto con la habilidad necesaria para utilizarla y superar esos momentos difíciles.

En parte, estoy convencido de que la *flexibilidad emocional* es hereditaria. Diferentes estudios médicos realizados al respecto han permitido comprobar que:

- El temperamento de una persona, su tolerancia a la ansiedad, su nivel energético, y hasta su tendencia hacia el optimismo o el pesimismo están influenciados por la composición genética del individuo.

Pero eso no quiere decir que el futuro de esa persona esté sellado desde el momento del nacimiento. La herencia genética solamente ayuda a explicar la facilidad relativa con que algunas personas desarrollan la flexibilidad emocional, aunque en realidad esta capacidad de lograr una reserva emocional está al alcance de todos... si sabemos desarrollarla.

Además de la herencia genética, otros factores influyen también en la capacidad de un individuo a enfrentarse a sus problemas personales:

- Uno de los de mayor importancia es la influencia que el grupo familiar ejerció durante la formación de nuestras personalidades. Por ejemplo: ¿cómo resolvía la familia los conflictos y los problemas que se le presentaban, y cómo reaccionaban los diferentes miembros ante el dolor emocional?

- Indiscutiblemente, nuestras experiencias personales, nuestros fracasos y nuestros triunfos, también influyen decisivamente en la forma en que negociamos las inconveniencias de la vida.
- Finalmente, es importante destacar que la salud física ayuda a determinar el grado de vulnerabilidad al que nuestras emociones están expuestas.

¿COMO SE PUEDE DESARROLLAR LA FORTALEZA EMOCIONAL?

Son varios los pasos a seguir, y todos fundamentales:

- Primeramente, es muy importante saber distinguir entre los reveses que pueden presentársele directamente (debido a su comportamiento, por ejemplo), y lo que está totalmente fuera de su control. Aceptar lo inevitable es el primer paso necesario en el desarrollo de la fortaleza emocional. Quizás no sea posible cambiar el mundo a nuestro alrededor, pero probablemente sí existen medidas que usted puede tomar para hacerlo más tolerable.
- En segundo lugar, es preciso mantener una voluntad firme para practicar las técnicas necesarias que nos permitan alcanzar nuestros objetivos. Esto se hace difícil si el revés emocional es muy severo, y cuando toda la voluntad que podamos invocar es necesaria para sobrevivir el día. La novelista chilena Isabel Allende, por ejemplo, sufrió mucho con la enfermedad y la muerte de su hija Paula. Años después describió en un libro *bestseller* su proceso de recuperación como si fuera un túnel oscuro, el cual tenía que cruzar aun sin vislumbrar una luz que le indicara su final. En vez de dejarse llevar por el pánico, Isabel Allende continuó su camino por ese túnel, paso a paso, hasta que logró superar el dolor inconmesurable que le propinó la pérdida de su hija.

Para desarrollar fortaleza emocional, aplíquese la lección de Isabel Allende, y concéntrese en lo que requiere su atención inmediata, sin tratar de pensar mucho más allá del presente. Dése ánimo, y recuerde que muchas otras personas han pasado por situaciones similares y han logrado superarlas.

Continúe en su marcha hacia adelante, siempre consciente de que llegarán mejores tiempos, aunque todavía éstos no estén a su alcance.

¡DEDIQUELE TIEMPO A ALIMENTAR SU ESPIRITU!

A veces es necesario buscar apoyo en algo más allá de nuestras vidas, en algo que le ayude a reactivar la energía interna que necesita para seguir adelante, sorteando los muchos vericuetos de dificultades que nos encontramos a diario en nuestro camino hacia las metas que nos hayamos podido trazar en la búsqueda del equilibrio y el éxito.

- Restablezca los lazos con la religión que profese, o dedique algún tiempo a leer libros con temas y ejemplos positivos que le proporcionen la fortaleza espiritual y emocional que se requiere ante una crisis. Es posible que con esta fórmula tan sencilla se regenere la esperanza en usted y desarrolle un nuevo deseo de vivir.
- Converse con sus amigos y familiares sobre sus puntos de vista ante la dificultad que confronta, porque ellos le pueden ayudar a definir mejor su posición personal, además de que siempre existe la posibilidad de que algunos hayan sufrido situaciones similares.

Si la religión es importante en su vida, ésta puede representar un apoyo importante en los momentos más difíciles que surjan en su camino. Una mujer que perdió al hijo que tanto anhelaba en un parto prematuro leía el Salmo 23 todas las mañanas antes de "enfrentarse al mundo" (la frase que empleaba para describir su desolación). Otras personas reciben alivio espiritual en los servicios religiosos todas las semanas. Pero inclusive los individuos que no se inclinan a la religión pueden dedicar algunos momentos durante el día a la práctica de la meditación o a la lectura de artículos positivos que les hagan comprender que la vida es un regalo maravilloso, y que por muy oscura que sea la noche, ¡siempre amanece a la mañana siguiente!

¡OBTENGA EL APOYO DE OTRAS PERSONAS!

En esos momentos de desesperación en que sentimos que un dolor emocional nos consume, obtener el apoyo de otras personas puede ser muy importante. No obstante, es precisamente la fatiga, la depresión, la vergüenza, y todos esos sentimientos negativos que nos abruman en los momentos de crisis, los que nos apartan de nuestra familia, de los buenos amigos, y de los colegas que podrían darnos su apoyo, e inclusive su orientación para emerger del vacío emocional en que nos hayamos podido sumir.

El hombre es un ser social y gregario, y es parte de nuestra naturaleza humana el ayudarnos mutuamente a sobreponernos a nuestras crisis.

- **Luche contra cualquier tendencia a aislarse del mundo exterior.** El aislamiento sólo engendra la depresión, exagera la humillación, e interfiere con el análisis objetivo de la situación en que nos hallamos. Salga de paseo con sus amistades, asista a reuniones sociales, y llame por teléfono con frecuencia a sus seres más queridos, especialmente a aquéllos que sean capaces de identificarse con la crisis que lo afecta. Hágales saber exactamente lo que usted necesita. Si necesita salir de la casa, invite a una amistad a cenar fuera. Si prefiere exteriorizar su problema y ventilar sus preocupaciones, hable con sus amigos o familiares más íntimos.

- **¡Busque apoyo!** En muchos lugares existen grupos de apoyo para individuos que comparten experiencias similares, como la muerte de un familiar cercano, un divorcio, etc. Aunque las personas que integran esos grupos no se conocen entre sí, pronto encuentran un denominador común y un punto de apoyo en sus experiencias comunes. Escuchando los pensamientos y ansiedades de otras personas que están experimentando crisis similares, podrá poner sus problemas personales en la debida perspectiva. Comprobará que usted no está solo en el mundo, que su crisis no es única, y el grupo le ofrecerá la protección, la comprensión, y el apoyo espiritual que necesita tanto durante esos momentos de crisis emocional.

¡MODIFIQUE SU CONCEPTO DEL TIEMPO!

Usted puede enriquecer grandemente sus reservas emocionales enfocando la atención en pequeñas secciones de tiempo. Es decir:

- Si uno contempla y habla sobre "el resto de nuestras vidas" cuando estamos en el medio de una crisis emocional, evidentemente es imposible tomar decisiones que sean racionales.

- Sin embargo, si logramos considerar que "cada día es una vida en sí", no hay duda de que los problemas se nos harán menos aplastantes.

Este método de analizar la situación de crisis en que nos encontramos con una actitud mental diferente, ha resultado muy efectiva en grupos de apoyo como Alcohólicos Anónimos (una organización internacional para hacerle frente a la situación en que se hallan las personas que padecen de alcoholismo, las cuales prefieren enfrentarse a su problema día a día). Para los alcohólicos, en medio de su crisis, resulta muy difícil visualizar "el resto de la vida sin alcohol" o "sin el amor de un ser querido". Para el enfermo que logra sobrepasar una crisis, igualmente le es muy difícil vivir "con el temor de que la enfermedad se le presente nuevamente". Por ello es tan importante considerar que el presente no es "el resto de la vida", sino que es solamente el día de hoy al que es preciso enfrentarse. Si logra volver a colocar su cabeza sobre su almohada al final del día, dormirá con el conocimiento que triunfó un día más.

Otras estrategias efectivas que puede poner en práctica:

- **Trácese metas pequeñas, porque éstas son más alcanzables que un objetivo ambicioso.** Los pequeños triunfos son positivos, mientras que el fracaso ante una meta difícil de alcanzar puede ser muy destructivo... tal vez desvastador. El período de tiempo medido entre el fuego que devastó su hogar y la construcción de una casa nueva puede parecer interminable. Pero si usted celebra cada pequeña señal de progreso (como la limpieza de los escombros, el llenar las planillas del seguro, etc.), el proceso adquiere una perspectiva más razonable... y usted podrá tolerarla con un mejor estado de ánimo.
- **Celebre sus pequeños triunfos.** La celebración no tiene que convertirse en una ocasión especial; ir a un cine, una pequeña cena de familia, o un pequeño regalo es más que suficiente... pero cada celebración significa que alcanzó una pequeña meta más, ¡y con éxito!

DE VEZ EN CUANDO, PERMITASE CIERTAS INDULGENCIAS...

El estrés severo requiere un tratamiento especial. Decida conscientemente ser más tolerante consigo mismo hasta que el dolor que lo afecta pueda ser mejor controlado. Haga menos de lo que *debe hacer,* y haga más de lo que *quisiera hacer.* Mande a lavar su ropa en vez de hacerlo usted mismo.

Limpie la casa con menos frecuencia. Tómese un día de vacaciones para que se involucre en aquello que no tiene tiempo para hacer. Permítase pequeños cambios temporales en su vida para levantar su estado de ánimo ante la crisis que pueda estar afectándolo.

Permítase ciertas indulgencias, pero hágalo con límites y con sabiduría. Evite recurrir a las drogas y al alcohol para olvidar una situación que le ocasione una crisis emocional, porque sus efectos son temporales... ¡y sus consecuencias pueden ser muy negativas!

¡ACTUE COMO SI YA HUBIERA SOBREPASADO SU CRISIS EMOCIONAL!

A veces es saludable actuar como si ya hubiéramos superado los problemas que nos abruman. Visualice momentos más dichosos, y trate de comportarse como si los estuviera viviendo. Es posible que este ejercicio sicológico le ayude a recordar que la vida ofrece muchas otras posibilidades, y que siempre hay momentos más felices que habrán de llegar.

PARTICIPE EN PROGRAMAS PARA REDUCIR Y CONTROLAR EL ESTRES...

Desarrolle un programa de reducción de estrés, y practíquelo diariamente. No importa si el programa está basado en conceptos de yoga, o en ejercicios aeróbicos, meditación, o clases de cocina. Lo fundamental es que se permita un espacio de tiempo durante el día para escapar a la rutina diaria.

¡NO PERMITA QUE LA OBSESION LO CONSUMA!

En momentos difíciles, es evidente que nuestros pensamientos tienden a gravitar sobre la crisis que nos preocupa; sin embargo, tenemos que esforzarnos para controlar su intensidad. Es fácil caer en la trampa de la obsesión, y revivir las escenas desagradables e imaginar las posibilidades terribles que pueden ocurrir, pero es necesario encontrar distracciones positivas que reemplacen esos pensamientos negativos. Es necesario experimentar las emociones en toda su intensidad para entonces poder superarlas. No hay duda de que mientras más pronto podamos superar esa fase negativa que estamos atravesando, más pronto lograremos recuperar nuestra estabilidad emocional.

AUN EN LA ADVERSIDAD, ENCUENTRE SIEMPRE EL ANGULO POSITIVO...

Hasta en los momentos más adversos de nuestras vidas, siempre se pueden identificar algunas lecciones y beneficios que nos sirven para hacernos más fuertes ante crisis que se nos puedan presentar en el futuro. Considere el caso de Margarita M., hija única. Su madre la aconsejaba en todos los aspectos de su vida, desde asuntos sin importancia (como la selección del color para un vestido nuevo), hasta cómo actuar en situaciones de gran impacto personal. Cuando murió su madre, Margarita perdió un punto de apoyo fundamental en su vida; quedó devastada y sin rumbo. Un año después, Margarita —por necesidad— había aprendido a tomar decisiones propias, y en corto plazo llegó a asumir la responsibilidad por su propia vida. La experiencia tan dolorosa de la muerte de su madre le ofreció a esta joven una oportunidad para recobrar el control de su vida.

¡APRENDA A REIR EN MOMENTOS DIFICILES!

El humor es un antídoto formidable para superar situaciones de depresión emocional. Aun en los momentos más dolorosos, siempre existe un elemento de exageración y melodrama que, si lo sabemos encontrar, nos ayuda a poner en perspectiva la dimensión real de las crisis que nos afectan:

- Aprenda a reírse un poco de lo que aparenta ser el fin del mundo en ese momento. Imagínese sentado cómodamente dentro de un año, reflexionando sobre el momento presente... y posiblemente comprenderá que las crisis se sobrepasan, además de que con el tiempo todo se llega a superar.

ADEMAS, CONSIDERE...

¡TENGA CUIDADO CON LOS CAMBIOS
EN EL APETITO Y EL SUEÑO!

El agotamiento físico puede afectar la capacidad de un individuo a recuperarse de una situación difícil. Es importante tomar medidas si desarrolla dificultad al dormir o si duerme erráticamente:

- Los ejercicios físicos antes de retirarse a dormir frecuentemente ayudan a conciliar el sueño.
- Recurra también a los remedios caseros (como las infusiones de tilo y manzanilla) si su cuerpo reacciona favorablemente a éstos.
- En caso de que estos procedimientos no mejoren los episodios de dificultad para dormir o situaciones de insomnio, consulte con un especialista para que reciba el tratamiento apropiado.

No es el sueño el único proceso biológico que se altera cuando la vida nos propina un golpe fuerte. En los casos de estrés severo, muchas personas pierden el apetito, y no saben cómo hacerle frente a esta situación que puede convertirse en grave:

- Ante el desgano, esfuércese a comer de todas maneras, en contra de su voluntad... aunque sea en cantidades más pequeñas.
- Otras personas, sin embargo, reaccionan en la forma opuesta al enfrentarse a una crisis, y desarrollan un apetito insaciable. Si usted se encuentra ante esa situación, planifique sus comidas y manténgase en un régimen de alimentación que le permita ingerir cantidades más reducidas durante el día. Mantener una dieta estricta no es lo más importante en los momentos de crisis emocional, pero es fundamental no desarrollar hábitos negativos que le puedan afectar su salud una vez que sus emociones se calmen.

Comer y dormir normalmente son requisitos indispensables para desarrollar la estabilidad emocional. Si no sigue ninguna otra recomendación, adhiérase a ésta.

CAPITULO 10

¿TIMIDEZ?
¡ESTRATEGIAS PARA CURARSE!

No hay un sentimiento más paralizante que la timidez, casi siempre basado en un complejo de inferioridad injustificado. Sin embargo, millones de personas sufren de esta condición sicológica, aunque muchos luchen por esconderla y proyectar una imagen diametralmente opuesta a la de la persona tímida. En este capítulo le ofrezco una serie de estrategias fáciles para neutralizar —de una vez y por todas— los factores que puedan causar la timidez en usted. Considere las siguientes situaciones:

- Cuando tiene que hablar delante de otras personas, ¿se le enreda la lengua y apenas puede pronunciar una o dos sílabas.?
- Si va a estrechar la mano de un desconocido, ¿le suda la palma de la mano y no sabe la presión que debe ejercer para proyectar una actitud amistosa.?
- ¿Se aterra si tiene que entrar a un salón lleno de personas a las que no conoce?
- ¿Se desconcierta si una persona que le interesa físicamente lo mira directamente a los ojos?

Si ha respondido afirmativamente a cualquiera de las cuatro preguntas anteriores, no hay duda de que usted es una persona que padece de timidez... ya sea en un grado leve, o en un nivel más crítico. Pero no se preocupe mayormente por ello, porque son millones y millones las personas tímidas que existen actualmente en todo el mundo; hombres y mujeres por igual, porque se trata de una condición que no discrimina entre los sexos. Y aunque algunos individuos hayan logrado hacer los ajustes sicológicos para no revelar a los demás esa timidez que los consume, la realidad es que están realizando un esfuerzo extraordinario por aparentar ser firmes y decididos... aunque en un momento dado, ante una situación específica, no hay duda de que la timidez que sufren se impondrá, y prácticamente los dejará paralizados. En otras palabras:

• La timidez no debe ser disimulada o controlada, sino neutralizada totalmente, para impedir que nos afecte cuando menos lo esperamos.

¿CUALES SON LAS CARACTERISTICAS DE LA PERSONA TIMIDA?

En términos generales podríamos decir que la persona tímida es retraída, asustadiza, muy precavida, apocada, penosa, retirada, desconfiada, antisocial, y supersensitiva. Estas son las características más frecuentes en la persona tímida, de acuerdo a la definición de la mayoría de los diccionarios. Sin embargo, el diccionario no proporciona los demás ingredientes que forman parte de esta complicada manifestación de la conducta humana que llamamos timidez, como son los síntomas físicos que también provoca. Estos síntomas surgen inesperadamente, en los momentos menos indicados, y quien los experimenta sufre la sensación de que no hay nada que pueda hacer para contrarrestarlos y evitar que arruinen su personalidad o momentos que —de otra manera— resultarían muy gratos.

Tanto el trabajo, como los momentos de asueto, como la vida amorosa de la persona tímida pueden ser afectados muy negativamente por estas situaciones impredecibles en las que la timidez se apodera de nosotros. Un conocido gerente de empresas que jamás nadie habría podido considerar que era tímido, fue mi paciente hace algunos años... precisamente para vencer la timidez que lo embargaba, y a la cual hacía un esfuerzo sobrehumano por sobreponerse, con algún éxito. Este hombre me confesó en una oportunidad que, cuando era presa de un ataque de timidez que no podía controlar (especialmente si se hallaba con alguna mujer que le interesaba sexualmente), se le manifestaban tantos trastornos —indeseables y variados— que decidió anotarlos para presentarme una lista de ellos:

• Hablaba con balbuceos que hacían que sus palabras resultaran prácticamente incomprensibles.
• Su voz surgía en un tono tan apagado que escasamente podían escucharlo.
• En otras ocasiones había podido comprobar que hablaba con una voz chillona y hasta estridente.
• Se le secaba la boca.
• Se le presentaba un ligero temblor en el cuello que le hacía subir y bajar la cabeza en una forma casi incontrolable.

- Constantemente tragaba en seco, debido al nudo que se le formaba en la garganta.
- Era consciente de que hacía movimientos faciales y que se le presentaban tics nerviosos que no era capaz de controlar.
- Por supuesto, sus manos sudaban; además, sentía las gotas de sudor en las axilas, sin contar las que corrían por sus espaldas.
- A veces tenía la impresión de que se le iban a presentar problemas digestivos.
- Con frecuencia se sonrojaba, e inclusive bajaba la vista para no mirar directamente a su interlocutor.

Es decir, este ejecutivo que administraba una gran empresa con numerosos empleados, era invadido por una timidez incontrolable en alguno que otro momento... y en situaciones de este tipo, admitía que no sabía qué hacer.

Estoy seguro de que cuando usted lea estos síntomas de la timidez expuestos anteriormente, en letra impresa, se sentirá mejor. Como fácilmente podrá darse cuenta, usted no es la única persona en este mundo que sufre de semejantes fenómenos y molestias embarazosas:

La timidez puede considerarse como uno de los trastornos de la conducta más ampliamente arraigados en la naturaleza humana, y la sufren hasta personas que calificamos generalmente como "triunfadores", porque —definitivamente— estos individuos han llegado a alcanzar las metas que se han propuesto en la vida, aunque a un precio considerable debido a los ajustes y los esfuerzos que han tenido que hacer para ocultar su timidez y proyectar siempre una imagen dinámica y decidida.

¿Otras formas de manifestar la timidez... la cual se observa casi siempre en esos "triunfadores" tímidos...?

- Entrar estruendosamente en un recinto lleno de personas desconocidas, vociferando "Hola, ¿cómo están todos...? ¿Cuándo comienza la fiesta...?".
- Hablar prolongadamente, a una velocidad que pocos son capaces de entender.
- Hablar de todos los temas concebibles a cualquiera que tenga la paciencia de escuchar un monólogo desenfrenado y sin sentido.
- Hablar hasta por los codos antes de llegar al tema que se quiere tratar... para entonces no decir nada (o muy poco).

- Sonreír a diestra y siniestra cuando se entra en un lugar o vehículo público.
- No atreverse a decirle al camarero que trajo el plato equivocado... o que la comida está fría... o que su sabor no es el que usted espera...
- No tener el valor de reclamar el cambio que se han olvidado darle al hacer cualquier transacción.
- Salir corriendo del cine o del teatro antes de que termine la función y se enciendan las luces... para que no lo vean.
- No poder sostenerle la mirada a la mujer (o al hombre) que le gusta.

Con esta serie de síntomas adicionales de la timidez (que pocos asocian con la condición, lógicamente, porque se trata de ajustes sutiles para ocultarla) es probable que ya tenga usted una idea más descriptiva de lo que realmente es la timidez y las reacciones que provoca en quienes la padecen.

Y ahora que conocemos lo que es la timidez, y sus síntomas, es importante que sepamos qué la origina...

¿POR QUE HAY TANTAS PERSONAS TIMIDAS?

Las causas de la timidez son muchas y variadas. Se puede decir que algunas personas ya nacen tímidas; otras se vuelven tímidas; y a una buena parte de las que padecen de esta condición sicológica, la timidez les ha sido inducida. Es decir, ¡han aprendido a ser tímidas!

- **Los genes.** Los genes son los factores que causan que una persona sea rubia, tenga los ojos azules, o la mandíbula prominente. Los genes son también responsables por un pecho aplastado o una estatura baja, y en la actualidad hasta se les culpa de que seamos más o menos gruesos, así como de que lleguemos a padecer de una serie interminable de enfermedades hereditarias. Tal vez, en algunos casos, los genes sean los que determinen que una persona sea tímida... aunque ello aún no ha sido comprobado por la Siquiatría. El hombre prehistórico era un ser con el cuerpo cubierto de vellos, de apariencia de simio, que —por motivos de supervivencia— fue básicamente tímido. Si un peligro lo amenazaba, se ocultaba detrás de los árboles o se refugiaba rápidamente en su cueva. Estaba rodeado de tantos peligros que la timidez lo salvaba de perecer. La timidez, por lo tanto, era su mecanismo de defensa. Es muy probable que algunos de nosotros hayamos heredado de la Prehistoria ese sentido de timidez que ya existía en nuestros antepasados cavernícolas, y aunque abundan las hipótesis al respecto, es preciso realizar muchas investigaciones para poder afirmar que una condición tan subjetiva y personal como la timidez pueda ser hereditaria.

- **La sobreprotección de las "buenas madres".** A través de los años, ésta se ha convertido en una especie de virtud que es muy admirada por la sociedad moderna. La madre que se preocupa demasiado por el bienestar de sus hijos, y que constantemente está tratando de protegerlos de los peligros (reales o imaginarios), es casi siempre considerada "una buena madre". ¿Qué sucede con los hijos de estas "buenas madres"? Pues que, poco a poco, van desarrollando un sentido de temor ante todo aquello que les resulta extraño, o de lo cual su madre no le haya advertido. La madre también enseña a su hijo a conducirse en una forma que lo haga "agradable" a las personas mayores... familiares, maestros, y amigos de la familia. Debido a esto, el niño busca la aprobación maternal (y la de los mayores, lógicamente) en todo lo que hace, temeroso siempre al regaño. Sabe por experiencia que todo lo que haga debe complacer a sus mayores, especialmente a la madre; de otra forma está expuesto al peligro, a la recriminación, o al rechazo. La actitud que la madre asuma es lo que determina (ante los ojos del niño) lo que es bueno o malo, lo peligroso y lo inseguro. ¿Qué sucede, entonces...? Pues que el niño no desarrolla su personalidad en una forma adecuada y completa, sino que la mutila. Esta conducta condicionada a las preferencias y costumbres de la madre es la que provoca que cuando ese niño sea un hombre musculoso de 25 años y vaya por la vida actuando de acuerdo a ese reflejo y se enfrente a las situaciones difíciles con la actitud del "niño que quiere complacer a su mamá" (en situaciones que requieren la firmeza y la resolución de un adulto), se sienta paralizado por la timidez. Este temor a lo desconocido, lógicamente, se manifiesta invariablemente en una personalidad tímida, indecisa, vulnerable.

- **La barrera del miedo.** Por muy poco temor que usted haya heredado de sus mayores, a pesar de haber recibido lo que pudiéramos llamar "una educación satisfactoria", tendrá su propia barrera natural de timidez; es decir, ese límite que no se atreve a cruzar. Para la mayoría de las personas, la barrera se presenta en el momento en que tienen que caminar en una habitación repleta de personas desconocidas, o protestar por un mal servicio en un lugar público, o enfrentarse a la mirada insinuante y sexualmente provocativa de otra persona del sexo opuesto. A las almas más resueltas, la barrera puede presentarse si deben despojarse de sus ropas en frente de alguien, ya sea su médico... o su cónyuge.

Normalmente, podemos afirmar que:

- **La timidez nos embarga en el momento en que nuestro cuerpo se siente físicamente amenazado en alguna forma.**

El cerebro recibe un mensaje: ¡Peligro! E, inmediatamente, envía una orden al páncreas para que segregue una nivel adicional de adrenalina. Esta adrenalina se distribuye rápidamente por todo el organismo, poniendo a los músculos en tensión... alertas para la huida o para presentar batalla. Al mismo tiempo, la adrenalina hace que el corazón bombee más fuertemente la sangre, para que todo nuestro cuerpo reciba un volumen adicional de oxígeno, y para que se alerte el sistema nervioso:

- Cuando se es tímido, tratamos de evitar todo este proceso. Si nos invitan a una recepción, por ejemplo, pensaremos en lo muy nervioso que estaremos al llegar al lugar donde se celebra, y eso es en lo único en lo que pensaremos en lo sucesivo. La adrenalina, por lo tanto, se está segregando constantemente, causando excitación, depresión, e irritabilidad.
- La persona que no es tan tímida, por el contrario, pensará un poco al respecto, pero aceptará que pasará por momentos de nerviosismo al principio, pero también considerará lo mucho que se divertirá una vez que el temor haya desaparecido. En ella, la secreción de adrenalina la convertirá en un ser más activo, alerta, y hasta fascinante.

Como la adrenalina pone en estado de alerta a todos los sistemas del cuerpo, es posible concentrar esa energía especial para proyectar una imagen más alegre y energética, más vital y dinámica. Los actores y los músicos hacen esto; es decir, permiten que la descarga de adrenalina que experimentan por la tensión que precede al momento de la actuación (al enfrentarse al público), los ayude a hacer su aparición más dinámica. ¿Por qué, entonces, no imitarlos nosotros, y hacer lo mismo...?

¡SOBREPONGASE A LA TIMIDEZ!

Desde luego, hay varios recursos para vencer la timidez. Estos son los que le recomiendo:

ESTRATEGIA No. 1
¡CUENTE SUS PUNTOS NEGATIVOS, LOS POSITIVOS... Y COMPRUEBE CUANTOS NEGATIVOS PUEDE CONVERTIR EN MEJORABLES!

Haga una lista de sus defectos o faltas... todo aquello que considere negativo en usted. Es decir, anote todos los aspectos de usted que detesta y a los que culpa directamente de ser causantes de su timidez. A continuación le doy un ejemplo de esta lista. Hágase la idea de que ha sido preparada por usted:

- **Apariencia:** poca estatura; muslos muy gruesos; nariz muy ancha; dientes disparejos; espalda encorvada.
- **Educación:** no soy graduado universitario; a veces cometo faltas de ortografía; mi letra no es la mejor del mundo.
- **Hábitos personales:** a veces me río estruendosamente; no siempre me visto bien; si estoy nervioso, no puedo evitar comerme las uñas; mis movimientos no son tan elegantes como quisiera.
- **Vida amorosa:** rara vez salgo con la misma mujer (u hombre, si es usted mujer) por segunda vez; me resulta difícil encontrar temas de conversación que interesen a la mujer (u hombre) con quien salgo.

A continuación, haga una lista de sus aspectos positivos, incluyendo todos sus aciertos. Por ejemplo:
- **Apariencia:** soy agradable; tengo un cutis magnífico; mis ojos tienen un color interesante.
- **Educación:** como leo mucho, tengo unos vastos conocimientos generales; además, soy excelente para recordar nombres, fechas y para sacar cuentas.

- **Hábitos personales:** soy muy limpio; soy muy puntual; cuando me visto bien, me siento satisfecho con mi imagen.
- **Vida amorosa:** he conocido el amor... he amado y he sido amado; estoy consciente de que hay personas que son capaces de amarme.

¿Comprueba como no todo en el análisis que haga de usted mismo son faltas o cualidades negativas?

Tal vez sus aciertos serían más numerosos si no fuera tan estricto con usted mismo. Notará que en su lista ha anotado más defectos o faltas que virtudes y cualidades positivas. La persona tímida por lo general hace eso. Tiene la capacidad de enumerar —en unos segundos— todo lo que haya de negativo en ella, pero le toma gran esfuerzo en señalar su lado bueno... y casi nunca piensa en él. Haga un conteo total de la lista:

- **Apariencia:** 5 negativos; 3 positivos.
- **Educación:** 3 negativos; 2 positivos.
- **Hábitos personales:** 4 negativos; 3 positivos.
- **Vida amorosa:** 2 negativos; 1 positivo.

Ahora, reconsidere los aspectos negativos y trate de identificar si alguno puede ser modificado. Si es así, cámbielos a **MEJORABLES**. Los muslos muy gruesos, un encorvamiento ligero, la nariz algo grande, y los dientes disparejos pueden ser alterados mediante un programa de ejercicios, dieta, cirugía cosmética, y la ayuda de un ortodoncista. Es decir, estos cuatro puntos negativos de su apariencia física pueden desaparecer para hacerlo más atractivo desde el punto de vista físico. Un título (de cualquier especialidad) puede ser obtenido con un poco de empeño. Las faltas de ortografía pueden ser superadas con más lectura, y prestando más atención al escribir; además, el no tener buena letra no se trata de algo que pueda ser considerado como tan negativo. Las risotadas nerviosas pueden ser evitadas y reemplazadas por una sonrisa amplia, completa, franca. Las ropas de mal gusto no constituyen un mayor problema; es fácil asesorarse para vestir mejor; y todos podemos aprender a movernos con mayor elegancia.
¿Qué le queda...?

- **Apariencia:** 3 positivos; 1 negativo; 4 mejorables.
- **Educación:** 2 positivos, 1 mejorable.
- **Hábitos personales:** 1 negativo; 3 mejorables.
- **Vida amorosa:** 1 positivo; 1 negativo; 1 mejorable.

El balance final para esta persona tímida:
- 6 factores positivos;
- 9 mejorables;
- ¡y solamente 3 negativos!

ESTRATEGIA No. 2
¡USTED ES UN SER HUMANO UNICO!
¡SIENTASE ORGULLOSO DE ELLO!

Para este ejercicio debe simplemente hacer una lista de los aspectos personales que no comparte con nadie más, aunque le parezcan insignificantes algunos de ellos. Cada uno tiene un lugar meritorio en su lista, así que inclúyalos todos. Por ejemplo:

- "Soy un ser único, muy especial. Las experiencias que he tenido, aunque algunas no son nada extraordinarias, son diferentes a las de cualquier otra persona en este mundo. Comencé la vida en una casa en un barrio de las afueras de la ciudad, y he vivido allí desde entonces; asistí a la misma escuela con mis amigos actuales, y obtuve un trabajo en la misma imprenta, como ellos. Ninguno de ellos ha tenido la suerte de tener una familia como la mía... ni ha tenido la suerte de tener padres y hermanos como los míos, ni ha vivido en mi casa, donde siempre aprendí conceptos morales que hoy considero que son muy valiosos. Tampoco mis amigos y yo tenemos los mismos pensamientos, ni compartimos todos los gustos... pienso que los míos son más originales".

Además:

- Tengo un pelo bonito; todos los que me conocen me lo han dicho en algún momento.
- Soy un experto en natación.
- Mis ojos tienen un color indefinido, y esto intriga a todo el mundo.
- Soy un bailador formidable; cuando asisto a una fiesta, todas las chicas se vuelven locas por bailar conmigo.
- Puedo hablar el inglés con bastante fluidez.

La razón del conteo de inigualabilidad no es precisamente producir una gran lista de talentos y dones asombrosos, sino enfatizar una serie de experiencias, ideas y conocimientos personales muy diferentes a aquéllos de otro ser humano. ¿Por qué motivo? Para demostrarse a sí mismo que usted posee experiencias, conocimientos y facultades exclusivos que puede aportar a cualquier reunión social, y hacerla más variada y amena. ¡Usted es un ser humano único!

ESTRATEGIA No. 3
¡HAGA SU LISTA DE ANHELOS!

Esta pequeña lista está compuesta de cosas que cada persona realmente anhela. Alguno de nosotros quizás las querramos con más intensidad que otros, pero todos ansiamos convertir en realidad ciertos sueños en la vida, de los cuales pocas veces hablamos. Por ello es necesario verlos escritos. Confeccione una lista de sus "deseos especiales" dentro de las categorías siguientes:

- **Amor.** Esto incluye el deseo de amar y de ser amado. Todos anhelamos a una persona especial para amar y para que nos ame. Algunos pretenden tener hordas de personas que declaran que son sus amantes o sus admiradores. Ser sexualmente deseable es uno de los deseos más importantes y secretos que tenemos todos los seres humanos. Anote el suyo en este terreno.

- **Exito.** El éxito puede medirse por el número de amigos o de personas que estén interesadas en usted. No obstante, muchos están convencidos en que tener "muchos admiradores" significan que han fracasado en crear una relación íntima con una sola persona... con un ser ideal. Pero el éxito es un término que cada persona interpreta de una forma muy diferente. Hay mujeres, por ejemplo, que consideran que "tener éxito" es llegar a ser esposa del presidente de un banco; hay hombres que imaginan que "tener éxito" es acumular el dinero suficiente para navegar en un yate, con muchas mujeres a su alrededor. En cambio, la idea de "tener éxito" en otras personas es llegar a tener un hogar equilibrado, con un cónyuge maravilloso. No tratemos, por lo tanto, de definir la palabra "éxito"... Digamos que es un concepto muy subjetivo, y que nos motiva a todos. Escriba lo que considera que es "tener éxito"... para que luche por él y pueda llegar a alcanzarlo.

- **Posición social.** En realidad uno la tiene una vez que ha triunfado en algún campo especial en la vida. Claro que con niveles diferentes; lo importante es haber tenido éxito en alguna forma y estar consciente de la posición que éste le procura en la pirámide social. ¿Hasta dónde le gustaría escalar en esa pirámide...?

- **Salud, dinero, amor, y autoestimación.** Muy bien, estos tres anhelos (salud, dinero y amor) son los que construyen y reafirman ese cuarto sentimiento (la autoestimación) que es tan vital en el ser humano. Sin duda, la autoestimación es la llave de oro que abre casi todas las puertas. Para gustar, para que sea respetado, admirado y reconocido por otros, tiene primeramente que gustarse a sí mismo. Las personas tímidas —por definición— no se gustan mucho a sí mismas... y es así como nace la inseguridad que nutre la timidez, la cual a su vez origina fracasos que despiertan mayor inseguridad, etc. ¡Es un círculo cerrado! Por ello es preciso ser firme para romper ese círculo vicioso... y ése es el motivo de los ejercicios anteriores.

Y AHORA...
¡DIGALE ADIOS A LA TIMIDEZ!

Teniendo en mente sus metas especiales y reflejadas éstas en la lista de anhelos, vuelva a los ejercicios precedentes y decida exactamente qué es lo que quiere cambiar en usted y en su vida... ¡y cómo! Trace un plan de acción específico, con objetividad, para dejar atrás la timidez y luchar por convertirse en la persona que le gustaría ser. Coloque la lista de anhelos en un lugar donde la vea frecuentemente (fíjela en la pared, en un espejo). ¡Es más fácil seguir un plan para vencer la timidez con un programa concreto ya diseñado, que nos inspire y nos guíe!

CAPITULO 11

¿INSEGURIDAD?
¡USTED MISMO
SE PUEDE CURAR!

Si vive atemorizado porque cree que el mundo se va a deshacer bajo sus pies de un momento a otro, o el cielo está a punto de caerle en la cabeza, ¡este capítulo le ayudará a vencer sus temores! Además, le enseñará a adquirir seguridad en sí mismo... ¡ARRIESGANDOSE!

Un viejo proverbio español dice que "La inseguridad y la timidez siempre van tomados de la mano". En realidad:

- La inseguridad o forma parte de todos los problemas emocionales que se nos puedan presentar en la vida, o surge como consecuencia de ellos. Pero casi siempre está presente en el ser humano.

Hasta el individuo con mayor confianza en sí mismo siente momentos de inseguridad diariamente... a menos que se trate de una persona con delirio de omnipotencia, lo cual ya de por sí representa un trastorno sicológico que requiere atención inmediata. El hecho de que todos sintamos temor en algún momento no tiene que extrañar a nadie. Cada vez que se nos presenta un conflicto, el mismo estremece las bases sobre las que creíamos estar firmemente afianzados... por eso, todo lo que hagamos en nuestras vidas debe estar destinado a hacernos sentir más seguros, y a consolidar la confianza en nuestra propia capacidad para triunfar en la vida. Y, por supuesto, debemos estar conscientes de que esa lucha por "ser seguros" no terminará jamás...

Hay factores, desde luego, que incrementan nuestra seguridad y que nos permiten tomar ciertos riesgos en la vida. Si comprobamos que "somos sexualmente atractivos", por ejemplo, nos sentimos seguros, porque podemos comprobar que alguien reconoce en nosotros un valor (en este caso, la belleza física). Con el amor nos sucede lo mismo. El saber que "somos amados" nos hace pensar que valemos más, y buscamos en esa persona amada la seguridad y la estabilidad que creemos que a solas no podemos alcanzar. El trabajo, las amistades, la posición económica y social... todos nuestros logros no son más que ladrillos con los que vamos construyendo más firmes los cimientos de nuestra seguridad. Pero la inseguridad puede asaltarnos cuando menos lo esperamos, porque estamos conscientes de que vivir no es fácil. Es necesario ganarse la vida... ¡y nadie sabe a ciencia cierta si siempre lo podrá hacer! Consideremos:

- Al principio, mientras somos niños, dependemos completamente de los mayores para sobrevivir.
- Después aprendemos a depender de nosotros mismos... aunque no todo el mundo lo consigue.
- Llega un momento en que nos damos cuenta de que vamos a continuar viviendo, por muchos contratiempos que se sufran.
- Pero más tarde nos asalta la inseguridad ante la muerte y comprobamos que —hagamos lo que hagamos— el final es inevitable y que la vida es algo muy frágil.

En resumen, no hay ningún momento de nuestras vidas en que dejemos de tener motivos para sentirnos inseguros. Que esta inseguridad sea tan terrible que nos paralice, o tan mínima que nos permita disfrutar de todos los placeres y triunfar en la vida, depende únicamente de nuestro desarrollo, y de nuestras actitudes ante el futuro.

CUANDO NACEMOS, SUFRIMOS EL PRIMER ENCUENTRO CON LA INSEGURIDAD...

Los siquiatras tenemos la opinión —un tanto surrealista, debo admitir— de que antes de nacer, "estamos bien". Es decir, no somos felices ni infelices, pero tenemos estabilidad, porque todas nuestras necesidades físicas están automáticamente satisfechas por el cuerpo de nuestra madre. Entonces sobreviene el primer gran encontronazo con la inseguridad, apenas nacemos: perdemos todas las comodidades que teníamos en el vientre de nuestra madre y llegamos a un ambiente frío y lleno de estímulos que no siempre son agradables, por violentos y desacostumbrados. Nos vemos precisados a aprender a usar los sentidos y a organizar nuestro cerebro. Aprendemos igualmente lo que es sentir hambre y sed. Descubrimos que nuestra madre es un ser independiente, que no podemos controlar. Y no tenemos otra alternativa que asimilar que el mundo no gira alrededor de nosotros, sino que somos una pieza más de un rompecabezas. Durante esta etapa —que comprende los primeros meses de vida— nos enfrentamos a nuestras primeras inseguridades:

- Si el niño recibe suficientes cuidados y amor por parte de sus padres, supera esa etapa sin mayores problemas.
- Ahora bien, si es maltratado, o si no recibe el amor en las dosis que necesita, los efectos (las inseguridades) no desaparecerán... ¡nunca!

EL SEGUNDO ENCONTRONAZO CON LA INSEGURIDAD: CUANDO NOS VEMOS FORZADOS A VIVIR SOCIALMENTE

Afortunadamente, el niño pequeño es tan profundamente egoísta que no se da cuenta de que él no es el centro de todo lo existente. Gracias a eso sobrevive y se desarrolla siendo (o tratando de ser) un tirano con sus padres. Y en cada ocasión en que los padres lo contrarían, sufre un ataque más o menos violento de inseguridad. Pero su segundo encontronazo grande con la inseguridad no se produce hasta que inicia su vida social, generalmente en la escuela, y se ve forzado a aprender (muy en contra de su voluntad) que los demás niños tienen deseos propios que a veces chocan con los suyos. Durante esta etapa —que se prolonga hasta los comienzos de la adolescencia— el papel de los padres es vital, ya que determina si el niño va a ser un adulto constantemente inseguro, o si va a ser capaz de desarrollar un grado razonable de autoconfianza:

- Mientras uno va creciendo y educándose (educación significa aprender a recibir y asimilar golpes —más síquicos que físicos— tanto como adquirir conocimientos teóricos sobre un número de materias) contamos con el apoyo constante de nuestros padres. Ellos son quienes satisfacen todas nuestras necesidades, quienes aprueban o desaprueban lo que hacemos, quienes nos dan un sentido (positivo o negativo) de lo que valemos. Es decir: los padres que crían un niño seguro deben ser afectuosos, brindar apoyo, y orientar, así como imponer límites al egoísmo que es característico de la niñez.
- La influencia de unos padres indiferentes, fríos u hostiles no se borra nunca. De igual modo, si uno tiene padres inseguros y apocados, prudentes en exceso, se aprende a ser como ellos, porque es importante recordar que los niños aprenden por imitación. Y si la relación entre los padres es tormentosa, el niño aprende igualmente a

considerar la vida como una tormenta temible... con todas las inseguridades que esto causa.

Es decir, la orientación que recibamos en la casa, lo aceptados o rechazados que seamos en el hogar, son los factores que determinan la seguridad que desarrollemos en nosotros mismos y la confianza que tengamos a que seremos aceptados en la vida. Lamentablemente, son muchos los hogares donde esos factores ideales no se producen, y por ello es que tantos seres humanos sienten los latigazos de la inseguridad y el temor a ser rechazados. De acuerdo con las estadísticas:

- Se estima que hasta más de un 90% de los seres humanos sufren hoy de ciertos grados de inseguridad y de temor al rechazo.

Y no nos extrañemos de que este porcentaje sea tan elevado, porque hasta las personas que nos pudieran parecer más agresivas y llenas de confianza en sí mismas se encuentran —en su gran mayoría— tratando de ocultar una inseguridad profundamente arraigada en ellas desde la niñez, probablemente.

¡LAS PRIMERAS GRANDES DESILUSIONES ALIMENTAN NUESTRAS INSEGURIDADES!

Al llegar a los 12 años de edad, no hay duda de que ya hemos aprendido mucho acerca de la vida... tanto que a veces los padres nos parecen "tontos" o "anticuados" en sus conceptos. Todavía mantenemos gran parte del egoísmo de nuestra primera infancia, pero nos hace falta el apoyo de otras personas de la misma edad, que sientan las mismas inquietudes y preocupaciones que uno, que no nos agobien con ideas que consideremos "pasadas de moda", y que nos hagan sentir que pertenecemos a un grupo de iguales. Para los varones, ésta es la epoca de los grupos de amigotes; para las jóvenes, ésta es la etapa de las amigas inseparables, de los intercambios de información sobre la menstruación y la sexualidad, de las comparaciones en cuanto al tamaño de los senos, y de los cuchicheos sobre los muchachos. También es la época de los primeros amores para ambos sexos, de los sueños desbocados... y la etapa en que sufrimos nuestras primeras grandes desilusiones, las cuales nos llenan de inseguridad.

Cuando miramos nostálgicamente a la adolescencia desde lejos, muchas veces nos parece una etapa muy bonita de nuestras vidas. Sin embargo, puede ser una fase bastante desconcertante:

- Quienes tuvieron lo que pudiéramos llamar "una buena infancia", llegan a la adolescencia bastante seguros de sí mismos.
- En cambio, los que en sus primeros años aprendieron a ser inseguros, empeoran su estado (casi siempre).

El adolescente retraído, que apenas habla, poco sociable, y objeto de la burla de sus amigos, es tan común que ya a nadie sorprende. Lo peor del caso es que a esas alturas no se puede hacer gran cosa por evitar la inseguridad en el muchacho. Si el adolescente consigue refugiarse en los estudios y sobresalir, tendrá un motivo de orgullo que alimente su autoestimación y que le proporcione cierta seguridad en sí mismo. Si es atractivo, es muy probable que la admiración del sexo opuesto le quite buena parte de sus incertidumbres y temores. Sin embargo, la inseguridad siempre estará presente, amenazándolo como una espada de Damocles... y cualquier revés que sufra, le hará sentirse inseguro y hasta desconcertado, ya que no siempre sabrá cómo enfrentarse en forma positiva a los embates de la inseguridad.

No obstante, traumatizados en mayor o menor grado, todos nos las arreglamos para llegar al final de la adolescencia siendo bastante autosuficientes. Y es entonces cuando la lucha contra la inseguridad alcanza su máxima importancia, porque:

- De los primeros triunfos que alcancemos como seres completamente independientes dependerá el grado de seguridad que desarrollemos en nosotros mismos y nuestra capacidad para valernos por sí solos.

Aunque tengamos la ayuda de nuestros familiares y amistades, en esta etapa ya estamos conscientes de que somos responsables por nosotros mismos... y esto de por sí siempre causa cierto grado de inseguridad. ¿Podremos... o no podremos...? La respuesta nos la brinda el camino que tome nuestra vida a partir de ese momento.

¡NADA PROPORCIONA TANTA INSEGURIDAD COMO EL DINERO!

- Hay personas que llegan a tener una vida económica desahogada y que, sin embargo, con frecuencia son víctimas de la inseguridad... no sólo temen perder el dinero que ya han acumulado, sino que les asaltan otros temores sobre infinidad de aspectos diferentes (salud, belleza, amor, éxito, etc.), y a veces en una forma más intensa, porque consideran que el dinero es el único medio con que se pueden compensar muchas otras deficiencias en la vida.

- Asimismo, quienes se ven obligados a funcionar con un presupuesto limitado debido a sus ingresos reducidos, también se sienten inseguros porque no disponen de los fondos que necesitan para cubrir sus necesidades y gustos... y temen nunca poder alcanzarlo.

Es decir, el dinero siempre causa inseguridad en el ser humano. Y es que la inseguridad podría ser descrita, fundamentalmente, como "el temor a no sobrevivir o a tener que vivir mal". Ahora bien, ¿cómo se entiende que una persona que disfrute de una posición económica desahogada se sienta insegura con respecto al dinero...? Muy sencillo: nadie sabe qué le va a traer o a quitar el futuro. Un profesional que disfruta de buenos ingresos puede perder su empleo, o temer que al jubilarse no sea capaz de satisfacer las necesidades a las que está acostumbrado. Asimismo, el joven adulto que lucha por triunfar en la vida se siente ante todo económicamente inseguro y su preocupación fundamental es encontrar un empleo capaz de garantizarle un futuro desahogado, estable y seguro. Pero si esa inseguridad ante el dinero llegara a desaparecer (o a calmarse), entonces pueden surgir otras inseguridades... ¡porque prácticamente no podemos escapar de ellas, quizás porque la vida en sí representa una incertidumbre constante!

¿CUAL ES EL SEGUNDO FACTOR QUE MAS INSEGURIDAD CAUSA EN EL SER HUMANO?

Si considera que el amor es la segunda causa de inseguridad para el ser humano, está equivocado. De acuerdo con las investigaciones realizadas al respecto, ese lugar lo ocupa nuestra preocupación por ser aceptados socialmente. La inseguridad se manifiesta de una forma más flagrante en nuestras relaciones sociales. Tememos ser juzgados y evaluados por los demás, y nos sentimos inseguros ante la posibilidad de "no caer bien a otros":

- Quienes tuvieron una niñez y una adolescencia apropiadas para refor-zar su autoestimación no hay duda de que se desenvuelven mejor que los demás, y entablan amistades con bastante facilidad; en estos individuos, el temor a no causar una impresión favorable es mínimo. En otras palabras: sus inseguridades están bajo control.

- Pero si la niñez ha sido deficiente en el aspecto emocional, siempre existirá inseguridad ante la posibilidad de hacer nuevos amigos... y esa inseguridad se manifestará en la forma de timidez. Sin duda, la inseguridad y la falta de sociabilidad constituyen hoy un problema muy extendido entre los seres humanos, que ante el temor a ser enjuiciados por otros, prefieren retraerse... es decir, aislarse.

La timidez surge de una actitud negativa: la inseguridad (vea el capítulo 9). Si usted es tímido, teme. Está temiendo la posibilidad de ser considerado "inferior" o "distinto"; es decir, teme no valer lo suficiente para ser aceptado por una persona (o grupo de personas) que —curiosamente— lo más probable es que sientan los mismos temores que usted.

En realidad, sólo hace falta un análisis con un poco de sentido común para comprender que no hay por qué sentirse así. Hasta los individuos más excepcionales lo son en un campo determinado... pero hay muchos otros que no dominan todos los aspectos de la vida, y que probablemente hasta desconocen campos que usted sí domina. Por lo tanto:

- Es importante que aprendamos a controlar la inseguridad ante la posibilidad de no ser aceptados socialmente, porque la misma tiene raíces tan amplias que pueden afectar muchos otros aspectos de nuestra vida: desde nuestras relaciones de trabajo, hasta nuestras relaciones sexuales.

¿POR QUE NOS ASALTA LA INSEGURIDAD ANTE NUESTRO ATRACTIVO SEXUAL...?

Hay muchas formas de definir el amor, y no vamos a hacerlo en esta ocasión, porque sería un tema demasiado largo y complejo. No obstante, todos estaremos de acuerdo en que en la inmensa mayoría de los casos, el amor surge como consecuencia de una atracción sexual inicial. Por ello:

- Si nos sabemos atractivos —desde el punto de vista sexual— nos sentimos seguros... hasta cierto punto, desde luego.

Sin embargo, la posibilidad de "no ser atractivo" es la tercera causa de inseguridad en el ser humano. Lo curioso de este caso es que la mayor parte de las personas que no se consideran atractivas, en realidad lo son. No obstante, como consecuencia de esta inseguridad, infinidad de personas ven sus vidas limitadas en muchas maneras diferentes. Ninguna se detiene a pensar, sin embargo, que todo el que se lo proponga puede resultar atractivo para los demás y ser sexualmente deseable. No sólo está comprobado que son la actitud y la disposición del individuo los factores que incrementan su atractivo sexual, sino que en la actualidad hay infinidad de recursos para modificar hasta los defectos físicos más visibles (desde la Cirugía Plástica hasta los implantes). Y si todos los seres humanos que sufren de inseguridad ante la posibilidad de no resultar sexualmente atractivos lograran vencer este temor, igualmente podrían controlar el cuarto motivo de inseguridad más frecuente en el ser humano: el no ser capaces de triunfar en el amor.

¡APRENDA A TOMAR RIESGOS! 35 SUGERENCIAS PARA DESTRUIR SUS INSEGURIDADES

Para vencer las inseguridades que arrastramos, disfrutar de la vida, y alcanzar las metas que nos propongamos, ¡hay que arriesgarse! Hay momentos en que es preciso poner a un lado nuestras inseguridades y atrevernos a ir un poco más allá de lo acostumbrado. Por ejemplo, hay quienes se atan a una relación amorosa insatisfactoria sólo buscando seguridad. O seguramente usted conoce a individuos que se estancan angustiosamente en un empleo mediocre, sólo porque les ofrece cierta estabilidad. ¡Es evidente que quien no se arriesga, jamás podrá encontrar un amor verdadero, ni podrá alcanzar una posición mejor que la actual!

Si la inseguridad le tiene paralizado, tome estos cuatro pasos para vencerla. ¿Cómo?

- **Prepárese.** Reconozca la necesidad que usted tiene de arriesgarse para salvar los obstáculos que le presenta su inseguridad, y que son los que le impiden avanzar hacia las metas que se ha propuesto alcanzar en la vida.

- **Decídase.** Este es el paso más difícil, probablemente. Quizás usted sabe perfectamente lo que debe hacer, pero lo ha estado posponiendo porque su inseguridad le impide arriesgarse. ¡Ahora ha llegado el momento de tomar la decisión de actuar! ¡Arriésguese!
- **Comprométase.** Esto significa, ponga manos a la obra. Una vez que usted inicia la acción de arriesgarse, ya está involucrado en el riesgo y comprometido a seguir adelante. Es decir, ¡ya no se puede volver atrás!
- **Complete su plan.** Después de haber alcanzado su meta, es preciso algo más que tampoco es fácil: adaptarse a su nueva situación de haber vencido sus inseguridades.

¿COMO TOMAR RIESGOS?

1. **Determine (con precisión) cuál es su meta.** Arriesgarse sin un objetivo específico es buscarse un problema gratuitamente. Por lo tanto, le resultará difícil darse cuenta cuando llegue el momento en que debe darse por vencido y conservar sus energías para luchar por algo mejor; pero también le será difícil reconocer cuando haya alcanzado su meta y deba dedicarse a consolidar sus logros.
2. **Sepa lo que puede perder al arriesgarse.** Si usted no tiene previsto lo que puede perder al arriesgarse, la pérdida le tomará por sorpresa y minará sus esfuerzos. Si no toma en cuenta la posible pérdida, no comprenderá bien el riesgo que está tomando al luchar contra sus inseguridades. Eso representaría una confusión adicional a una situación que ya es bastante complicada de inicio.
3. **¡Actúe con decisión!** Una vez que haya llegado a la conclusión de que le merece la pena arriesgarse y que éste es el momento indicado para vencer sus inseguridades, ¡actúe! Si ha considerado ya todo lo que tiene en su contra, péselo bien en la balanza y concéntrese en vencer los factores adversos.
4. **No evada los problemas.** Eventualmente, tropezará con ellos (los problemas, lamentablemente, nunca nos evaden a nosotros). Confróntelos a su manera. Así estará en mejor posición para poder superarlos y vencer sus inseguridades.
5. **No finja seguridad cuando sienta algún temor.** Considere que sus temores constituyen la mejor guía que usted posee para mantenerse en terreno seguro. No hacerle caso a nuestros temores es como ignorar

una alarma de fuego. Si su temor persiste, quizás esto signifique que usted está en peligro, o que está arriesgándose más de la cuenta.

6. **No sea iluso; no espere milagros.** Usted tendrá que salvarse de muchos aprietos por sí mismo. Mida sus fuerzas para que sepa lo que usted es realmente capaz de hacer en el proceso de vencer sus inseguridades. No sueñe en hacer más de lo que puede. No haga planes confiando en recursos que todavía no posee (los está desarrollando en estos momentos).

7. **Pregunte, ¡averigüe!** Usted debe enterarse bien de todo lo que concierna a los riesgos que va a tomar para vencer sus inseguridades. Si toma riesgos innecesarios, será porque no se ha enterado de todo lo que debería saber. Es mejor preguntar (aunque pueda parecer ignorante a otros), que incurrir en errores.

8. **No cuente con un 100% de éxito.** ¡Nadie lo logra! Si usted lo espera, inevitablemente recibirá una decepción. Eso le quitará confianza en sí mismo y le restará energías la próxima vez que decida tomar un riesgo para vencer sus inseguridades. Lograr un objetivo fácil es mejor que fracasar en un empeño demasiado grande. La temeridad no tiene mérito si no sirve para ganar una causa. Ser temerario en una causa que se va a perder, es una tontería.

9. **No haga mal uso de sus emociones.** No tome riesgos inútiles para desahogar sus sentimientos de ira, miedo, angustia, culpabilidad o depresión creyendo que de esta manera está luchando contra sus inseguridades. Estos sentimientos deben confrontarse directamente, no indirectamente a través de un acto temerario. Los riesgos emocionales se deben tomar únicamente en los conflictos emocionales. Si usted está furioso, por ejemplo, arriésguese a exteriorizar su ira... pero no conduzca su automóvil a gran velocidad porque está enojado con su cónyuge. En otras palabras: no convierta sus emociones en acciones que impliquen riesgo, porque se colocará en una situación de peligro... innecesariamente.

10. **Dedique tiempo a rectificar errores.** Cualquier momento es oportuno para corregir un error antes de seguir adelante. El riesgo se aminora después de haber eliminado el error.

11. **Sea valiente.** Arriesgarse a destruir inseguridades requiere un gran valor. Si usted está atemorizado, no es porque sea débil de carácter sino porque usted es humano (no un héroe de novela romántica). Los valientes son aquéllos que se atreven a actuar a pesar de sentirse atemorizados, no aquéllos que jamás han conocido el miedo.

Considere que los tontos son los únicos que no le tienen miedo al peligro.

12. **Reconozca cuáles son sus propios límites.** Sepa en qué circunstancias sería incapaz de actuar; y en qué circunstancias actuaría sin titubear. Sepa también qué es lo que estaría dispuesto a sacrificar o ceder para no arriesgarse más de la cuenta. Ahora bien, si usted pretende asumir un riesgo a prueba de fracasos, se está engañando a sí mismo. Identifique sus límites y defina cuáles son las condiciones en las que usted está dispuesto a arriesgarse.

13. **¡No se precipite!** Tómese el tiempo necesario para estudiar el curso de acción que necesita para vencer sus inseguridades. Si es posible, practique en privado la forma en que proyecta arriesgarse. Imagínese a sí mismo en acción. ¿Qué haría usted? ¿Cómo reaccionaría? A veces basta poner la imaginación a funcionar para familiarizarse con el riesgo.

14. **No se demore innecesariamente en "tomar riesgos".** Una vez que haya decidido arriesgarse, establezca consigo mismo el compromiso de actuar inmediatamente. No titubee. El riesgo parece más grande si usted se pone a inventar excusas para no dar el salto. La demora puede hacerle incurrir en nuevos peligros.

15. **Sea agradecido con quienes lo ayuden.** Aprenda a convertir en aliados a aquellas personas que se muestren dispuestas a ayudarlo a vencer sus inseguridades. Usted va a necesitar muchos amigos una vez que se arriesgue a luchar contra éstas, y los mejores amigos son aquéllos que ya lo han ayudado en algo. Correspóndales el favor con gratitud. Considere siempre que un amigo menospreciado puede hacerle más daño que un enemigo.

16. **Haga su mayor esfuerzo.** No se limite a "tratar" diciéndose a sí mismo: "Veré si puedo hacerlo". Una vez que se decida a arriesgarse a vencer sus inseguridades, su propósito debe ser lograrlo. Si usted no tiene el propósito de triunfar, ello significa que sus posibilidades de fracasar son grandes. ¿De acuerdo?

17. **No luche contra la realidad.** Comprenda que hay murallas que usted puede salvar y otras que, lamentablemente, son inexpugnables. Su meta debe ser triunfar y disfrutar los resultados de su triunfo. ¡Recuérdelo!

18. **Planifique su tiempo.** Esto no significa que usted tiene que observar estrictamente un programa, aunque algo le salga mal o le tome más tiempo del que había pensado; pero un buen cálculo de su tiempo puede constituir una gran fuerza de persuasión para usted mismo,

puesto que lo orientará y le indicará que sus planes están progresando debidamente. Todo lo que lo ayude a predecir lo que puede esperar en el futuro inmediato, le hará más fácil arriesgarse. Esto también le servirá para tener presente cuál debe ser su próximo paso.

19. **No combine riesgos innecesariamente.** Un riesgo puede tener distintos desenlaces; por lo tanto, si usted toma dos riesgos al mismo tiempo, estará duplicando la posibilidad de peligro y —por consiguiente— también su ansiedad.

20. **Establezca un plan de acción, pero no se ciña a él demasiado estrictamente... porque puede estar equivocado.** Usted es reponsable de su vida, incluyendo sus cambios de planes. El hecho de que usted tenga un plan para luchar contra sus inseguridades no quiere decir que éste sea correcto o que no se le haya olvidado alguno de los factores importantes que pueden afectar ese plan, obstaculizándolo.

21. **No se arrepienta a mitad del camino.** Si su plan es adecuado, debe incluir la posibilidad de resultados negativos, sin que le causen pánico. No desista de su estrategia al primer contratiempo. Arriesgarse es como someterse a una cirugía: a veces hay que cortar una sección de tejido sano para poder eliminar todo el tejido afectado.

22. **No se arriesgue sólo por ponerse a prueba a sí mismo.** ¡Este es un riesgo peligroso! Quizás salga ileso varias veces y pueda seguir desarrollándose, pero en la mayoría de los casos, se pierde la oportunidad para siempre.

23. **No le eche la culpa a otros de sus fracasos.** El único culpable es siempre usted mismo; no se engañe.

24. **No se dé por vencido demasiado pronto.** No es fácil vencer las inseguridades que arrastramos desde pequeños, y aprender a tomar riesgos. De manera que tenga paciencia... y sea perseverante en sus intentos.

25. **Tampoco se aferre a un plan indefinidamente.** Usted sabe muy bien cuándo su causa está perdida. Esto quiere decir que no debería haberse arriesgado de inicio. Aprenda a poner punto final a una situación negativa; nunca la prolongue.

26. **Arriésguese cuando realmente tenga una buena posibilidad de triunfar.** Por ejemplo: si un médico le dijese que sólo le quedan dos años más de vida si no se somete a una operación quirúrgica, y sin embargo le advierte que dentro de un año ya estará demasiado débil para operarse, decida operarse inmediatamente. ¿Por qué? Pues porque los riesgos deben tomarse en el momento más propicio para lograr el éxito.

27. **Tenga presente que los "pros" y los "contras" fluctúan.** Observe estos cambios de circunstancias y aproveche las ocasiones en que están más a su favor.

28. **¡Conózcase a sí mismo!** Analice cuáles son sus características básicas: su egoísmo, su vanidad, o sus debilidades. Sólo así impedirá que otros puedan manipularlo a través de ellas. Usted debe ser el dueño absoluto de sus actos y decisiones.

29. **Enumere todas las cosas que pueden fallar... y por qué.** De este modo detectará en seguida los problemas, porque estará más atento a ellos.

30. **Enumere también todo lo que debe salir bien... y por qué.** ¿Qué es lo que tiene más probabilidades de cambiar en estas dos listas anteriores? ¿Cuáles son los factores que tienen más probabilidades de seguir constituyendo una ventaja? ¿Cuáles son las que probablemente seguirán constituyendo desventajas? ¿Existe alguna ventaja que pueda de pronto convertirse en una condición adversa? ¿Existe alguna desventaja que usted pueda transformar en una condición favorable? ¡Analice!

31. **No permita que otros se arriesguen por usted; es usted quien debe vencer sus propias inseguridades.** Si lo hace, estará poniendo su destino en manos de otra persona que seguramente no tomará su causa con tanto interés como usted mismo. Si usted necesita que alguien corra riesgos por usted, no está adquiriendo experiencia alguna; y el día en que usted tenga necesariamente que arriesgarse solo, estará menos preparado para hacerlo y tendrá mayores probabilidades de fracasar en el intento.

32. **No se arriesgue por otra persona.** Si usted se arriesga por ayudar a otro, está perdiendo la oportunidad de desarrollarse personalmente, pues está ocupado en ser "el protector" de intereses ajenos. Actuar como protector de una persona adulta implica posesión e invita al resentimiento por estar metiéndose en lo que en verdad no le atañe. Si usted se arriesga por otro y fracasa, usted mismo se buscó ese problema.

33. **Tome su vida en serio.** Arriesgarse produce siempre cierta inquietud y mucha gente finge no tomarlo en serio (cuando realmente lo es). Aunque esto le alivie la tensión, podría conducirle a incurrir en descuidos y llevarlo a la autodestrucción.

34. **No se distraiga en su lucha contra sus inseguridades.** Cuando usted se decide a arriesgarse para destruir una inseguridad, ése es el momento de la verdad. Trabaje sin descanso y no pierda tiempo.

Trabajará horas extraordinarias sin tregua ni recompensa, hasta que la crisis haya sido superada. Su riesgo es lo único fundamental; lo demás no importa. Ese período exige una concentración total. El secreto del éxito es no decaer un instante en lograr los fines que usted persigue y por los cuales se está arriesgando.

35. **¡Reconozca cuándo ha logrado sus metas!** Si usted ha alcanzado los resultados que esperaba en su lucha contra sus inseguridades, mantenga su propósito... pero no exagere. A veces hay muy poca diferencia entre "ir a buen paso" y "desbocarse".

CONSIDERE, ADEMAS...

EL AMOR:
¿CURA LA INSEGURIDAD...
O LA AGRAVA?

A todos nos gusta pensar que el amor lo resuelve todo, y que cuando "se ama" y se "es amado", lo demás no importa tanto; es más, muchos estamos convencidos de que "el amor proporciona la felicidad más sublime". Sin embargo, el amor es la cuarta causa de inseguridad en el ser humano... y uno de los temores que tiene efectos más devastadores.

Estamos de acuerdo en que se trata de un sentimiento sublime y maravilloso; lamentablemente, también es preciso que tengamos una actitud realista ante el amor, y aceptar que "cuando amamos" siempre nos vamos a ver asaltados por inseguridades de diferente tipo... y una de las más frecuentes son los celos. Consideremos la realidad ineludible de que amar, aunque se sea correspondido, puede ser una experiencia muy angustiosa y traumática. Siempre proporciona un cierto grado de felicidad y placer, es indiscutible... pero a una persona insegura el amor puede llegar a destruirla. Y la situación más terrible puede presentarse si buscamos el amor como un refugio, porque ello significa que inconscientemente "necesitamos depender de otros" y "buscamos el apoyo que nos es imprescindible para funcionar adecuadamente en la vida" en la persona amada.

Para que una relación amorosa sea verdaderamente armoniosa, y positiva, es imprescindible que ambos cónyuges posean un grado aceptable de seguridad en sí mismos. De lo contrario, la relación no pasa de ser un juego de dominio y sumisión que constituye una perversión del concepto de lo que debe ser el verdadero amor. Necesitar depender un poco del ser amado, y que él dependa un poco de uno, es natural y sano. Después de todo, cuando se ama se necesita el contacto con esa persona a quien se ama. Sin embargo:

- La relación amorosa solamente es equilibrada y beneficiosa si ambas partes logran controlar las inseguridades que pudieran existir y desarrollan la confianza necesaria para que el amor trascienda en la forma debida.

¡DESVANEZCA SUS INSEGURIDADES!

No existe un método que elimine completamente la inseguridad (y sería peligrosísimo), pero usted sí puede reducir su nivel de inseguridad en la vida, y hasta llevarla a un grado razonable para que no entorpezca sus decisiones. Comience a luchar contra la inseguridad empleando estos métodos:

- **Haga todo lo necesario para sentirse orgulloso de su físico.** Si usted se considera físicamente aceptable, no hay duda de que perderá buena parte de sus inseguridades (un concepto comprobado en infinidad de estudios hechos al respecto). Ocúpese de mantenerse en forma por medio de dietas y ejercicios; preocúpese por su salud; esmérese en su arreglo personal. Considere que el temor a "no resultar sexualmente atractivo" es la segunda causa de inseguridad en el ser humano. Si domina ese temor, es evidente que podrá controlar muchos otros factores que puedan causar inseguridad en usted.
- **¡Capacítese para triunfar en la vida!** Los conocimientos reducen los niveles de inseguridad que podamos sentir en la vida. Para reducir al mínimo las dudas en cuanto al futuro, estudie, entrénese. Elija un

campo que sea de su agrado y apréndalo; dedíquese por entero a él, hasta que lo domine completamente. De ese modo no tendrá que preocuparse tanto por lo que hará si pierde el actual empleo.

- **Manténgase debidamente informado sobre lo que está sucediendo en este mundo del cual usted forma parte...** Asegúrese de que al llegar a un grupo, sus conocimientos le permitirán participar en la conversación y opinar en una forma inteligente. ¡Estar informado es una forma de vencer las inseguridades que nos asaltan!

- **¡Arriésguese! ¡Venza cada día una inseguridad distinta!** Esto es fundamental. Analícese y —con sinceridad absoluta— haga una lista de las situaciones que más inseguridad le causan. Después, en forma deliberada, vaya enfrentándose a cada una de ellas... aunque le resulte difícil. Cada vez que se encuentre ante una situación que le cause inseguridad, y compruebe que no ocurre nada catastrófico, se dará cuenta de que es mucho más fácil dominar la inseguridad que vivir dominado por ella... y que usted puede hacer lo que en realidad desea, sin que sobrevenga ninguna catástrofe.

- **No se desanime fácilmente... pero no sueñe con alcanzar una perfecta y absoluta confianza en sí mismo.** El hábito de la inseguridad se desarrolla a lo largo de toda una vida; evidentemente, no se puede eliminar en un solo día. Necesitará mucho tiempo de lucha, pero puede estar convencido de que si sigue las recomendaciones anteriores, y comienza a tomar ciertos riesgos, podrá aplastar sus inseguridades... ¡una a una! Eso sí, considere que cierto grado de inseguridad puede ser deseable porque ayuda a sobrevivir, evita que se llegue a la temeridad y a la imprudencia. El mundo es un lugar inseguro en el que existen guerras, terrorismo, accidentes, enfermedades, y conflictos de todo tipo. Si no se siente un poco de inseguridad frente a lo incontrolable, resulta imposible tomar medidas para evitar que sus consecuencias sean demasiado terribles.

CAPITULO 12

COMO LUCHAR
(Y VENCER)
LA INDECISION
CRONICA

Millones de personas viven prácticamente paralizadas en la vida por el sencillo hecho de que no son capaces de tomar decisiones. Así, se ven atadas a empleos que detestan, a cónyuges que ya no aman, encerradas en ambientes que les resultan claustrofóbicos. ¿Por qué estos individuos no pueden decidir? ¿Cómo podemos aprender a tomar decisiones y enfrentarnos a los resultados que una decisión pueda representar...? Este capítulo le ayudará a ser más decidido... y a tener más control de la vida: ¡de SU PROPIA VIDA!

Si la mayoría de las personas pudieran escoger un modo de cambiar su carácter, seguramente entre las reformas más importantes se encontraría la de ser capaz de tomar decisiones con mayor rapidez, con más confianza en sí mismas, y sin los conflictos que a veces representa el tener que decidirse por algo. La agonía de la indecisión es lo que se siente al verse uno atrapado en el dilema de no saber qué es lo que realmente se quiere... y es un tipo de conflicto sicológico que puede presentarse hasta cuando se trata de tomar la decisión más sencilla. Veamos unos ejemplos cotidianos: ¿Qué corbata me pongo hoy...? O... ¿qué zapatos son los que mejor me vienen con este vestido...? O... ¿Qué película vamos a ver? Así, silenciosa y patéticamente, nos pasamos horas escogiendo corbatas, probándonos zapatos, o examinando la cartelera de cines y teatros, mientras rogamos que algún ser misterioso nos resuelva el dilema que nosotros mismos estamos creando.

Tengo amigos que me confiesan sufrir amargamente cuando cada mañana se enfrentan a su colección de corbatas, porque les resulta sumamente difícil elegir la más adecuada para combinar con el traje que finalmente han elegido para ir a la oficina... y no son pocos los casos de hombres que deciden dejar la elección de la corbata que van a usar a sus esposas, para así evitar tener que tomar una decisión a una hora tan temprana del día. Asimismo, he tenido pacientes que me han confesado pasar hasta dos horas eligiendo qué zapatos se van a comprar... Y sé de muchos casos de personas indecisas que, cuando se enfrentan a la cartelera de películas que se están exhibiendo en los cines de la localidad, finalmente deciden quedarse en la casa... ¡porque no son capaces de decidir cuál es la que preferirían ver!

Y, por supuesto, hay casos extremos de personas que prácticamente se encuentran paralizadas porque no son capaces de tomar las decisiones más pequeñas e intrascendentes. El caso de **Dalia R.** es típico... Cuando se sienta a ver la televisión, constantemente está cambiando los canales, porque no puede decidir qué programa es el que prefiere ver. También lleva cuatro años considerando la posibilidad de mudarse a un apartamento más amplio, pero no toma la decisión. Quiere someterse a la cirugía plástica para ajustar un pequeño desvío en el tabique nasal, y ha visto a infinidad de cirujanos plásticos, sin que decida una fecha para la operación. Cuando su amigo íntimo de dos años finalmente le propuso matrimonio, no fue capaz de tomar una decisión, y prefirió romper con él... Y si va a llamar por teléfono a una amiga, por lo general se detiene porque no es capaz de decidir si es la hora más adecuada para hablar con ella. Dalia R. es incapaz de tomar una decisión... ¡cualquiera que ésta pueda ser!

CUANDO LA VACILACION SE CONVIERTE EN "INDECISION OBSESIVA"

El simple hecho de que estemos vivos significa que de vez en cuando tenemos que sufrir la angustia que causa una situación de indecisión. Ahora bien, si nos hallamos constantemente sumidos en la indecisión, entonces podemos asegurar que somos víctimas de lo que en Siquiatría se llama "indecisión obsesiva". Si usted sufre de este tipo de neurosis, le será posible realizar las proezas más inconcebibles con respecto a la vacilación. Puede quedarse de pie en la cocina durante media hora, con la puerta del refrigerador entreabierta, con el más absurdo de los conflictos ocupando su mente durante todo ese tiempo: ¿Me prepararé un emparedado, o iré a la cafetería de la esquina...? Así, de esta manera tan tonta, se le escapa la vida a muchas personas, sin que sean capaces de tomar decisiones sobre las cuestiones más triviales.

No hace mucho tuve como paciente a una señora de vida social muy activa, que acostumbra a dar cenas frecuentes en su casa. Si bien es capaz de elegir menús debidamente combinados, le resulta en extremo difícil el decidir qué postre servir. Ante la indecisión que la asalta, lo que hace es preparar tres variedades distintas... "Así, cada cual elige el postre que prefiera", es su explicación ante esta situación inusitada que revela una situación típica de *indecisión crónica*. Otra amiga, que siempre se ha caracterizado por su indecisión, en una ocasión recibió dos invitaciones —de dos hombres diferentes— para salir en una misma noche. Como fue incapaz de decidir a cuál de los dos hombres prefería, aceptó las invitaciones de ambos: con uno para cenar; con el otro para ir al teatro. Luego, como tampoco podía decidir cuál sería el momento más apropiado para despedirse del primer compañero, llegó tarde al teatro con el segundo.

¡A VECES SUFRIMOS LOS RESULTADOS DE NUESTRAS INDECISIONES!

Junto con la agonía de luchar inútilmente por llegar a una decisión, también estamos condenados a sufrir los resultados de nuestras vacilaciones. En una ocasión recomendé a un amigo para un empleo de relaciones públicas que parecía diseñado para él. Mi amigo acudió a la entrevista y no obtuvo la posición, a pesar de lo capacitado que se encontraba para desempeñarlo. Más tarde, quien hubiera sido su jefe, me dijo: "Es que me dio la impresión de que en realidad no deseaba este empleo... se veía indeciso... Vacilaba sobre las respuestas a las preguntas que yo le hacía". Y, en efecto, al analizar la situación llegué a la conclusión de que mi recomendado no sabía lo que en realidad deseaba: si esa posición... u otra... o ninguna. Debido a su indecisión, perdió una oportunidad que yo considero que habría sido excelente para que pudiera avanzar en su carrera profesional.

Por supuesto, la indecisión hace perder oportunidades, ¡y tiempo! Hay personas que pasan días enteros considerando si van a hacer reservaciones para pasar el fin de semana en la playa, o pensando en la posibilidad de ofrecer una fiesta, o quedarse tranquilas en la casa, viendo viejas películas de Hollywood en la televisión. Además, los individuos que se ven atacados por la indecisión, a menudo permiten que otros los convenzan para seleccionar lo que no les conviene. Muchos se sienten tan abatidos por sus vacilaciones que prefieren no llegar a tomar ninguna decisión. Al no saber qué hacer, estas personas continúan sufriendo con la carga de un matrimonio fracasado, un empleo desagradable con un jefe autoritario, encerradas en un ambiente que rechazan, o bajo el dominio eterno de padres superposesivos. Estas personas pasan tanto tiempo meditando sobre las posibles alternativas a tomar que se quedan paralizadas. ¿Por qué? Hay ciertos factores sicológicos que son los que se encargan de mantener viva la *indecisión crónica* en muchas personas. ¡Analicémoslas!

¿POR QUE NOS SENTIMOS INDECISOS ANTE LO QUE NOS GUSTA...? ¡PORQUE NOS SENTIMOS CULPABLES!

El conflicto que se crea al desear algo agradable es una de las causas fundamentales de la *indecisión obsesiva,* porque a la mayoría de las personas indecisas —curiosamente— les preocupa enormemente "disfrutar demasiado la vida".

Tengo un amigo que todos los años comenta, suspirando: "Me gustaría tomar unas vacaciones que me permitan descansar completamente... echarme en una hamaca y tomar cocteles tropicales, mientras leo un buen libro. Pero quizás debería emplear ese tiempo de las vacaciones, y mi dinero, en un viaje de negocios para promover más ventas". Y ahí se queda mi amigo, en el sofá de su sala, atrapado por la indecisión y sin definir ningún plan... sencillamente, ¡soñando con lo que quisiera hacer y no hace, debido a su indecisión! Este mismo hombre está teniendo ahora dificultades en cuanto al uso de su tiempo libre por las noches y durante los fines de semana: "¿Debo ponerme al día en mi trabajo... o descansar?"... ¡También es incapaz de tomar una decisión al respecto!

Inconscientemente, estas personas indecisas consideran que es incorrecto divertirse de un modo que no sea realmente productivo; es decir, yendo a ver películas escapistas, o conversando con las amistades. Estiman que lo apropiado para aprovechar el tiempo libre es leer obras clásicas en lugar de esa fascinante novela de suspenso que tienen junto a la cama... o hacer ejercicios aeróbicos en lugar de dormir la siesta. ¿Por qué nos tratamos con tanta dureza y exigencias?

La raíz del problema parece estar en:

- La lucha que emprendemos durante la infancia para vencer nuestros impulsos sexuales, porque nos resultan placenteros pero los consideramos muchas veces pecaminosos debido a la forma en que hemos sido criados.

Podemos pensar que, con los años, todos esos sentimientos de culpabilidad se van desvaneciendo, pero no es así... sencillamente, se esconden y disfrazan para reaparecer en el momento en que menos podemos esperar. "¿Iré al cine o trabajaré esta noche?", se pregunta el hombre que inconscientemente sigue considerando que todo placer equivale a un pecado sexual, y que por lo tanto no se puede permitir ninguna diversión. O lo mismo puede ocurrirle a una mujer que sale de compras y se enamora de un vestido carísimo, pero que ella se puede pagar sin la menor dificultad. Por mucho que su contabilidad le indique lo contrario, se convence de que quedará arruinada si compra la prenda. Es decir: se deja arrastrar por los sentimientos de culpabilidad que le ocasiona proporcionarse cualquier placer, y se refugia en la indecisión para no darse el gusto que tanto desearía. Evidentemente:

- Si no podemos tomar decisiones en cuanto al placer, lo más probable es que destruyamos toda la alegría de nuestras vidas, convirtiéndolas en una serie ininterrumpida de deberes (lo que estamos obligados a hacer ya no resulta divertido... ni lo consideramos pecaminoso).

Invitados a una fiesta, aceptamos... para martirizarnos después al pensar que deberíamos emplear ese tiempo limpiando la casa o poniendo al día la correspondencia. No obstante, tenemos que asistir a esa fiesta porque no podemos quedar mal con el anfitrión. Entonces, al transformar la fiesta en una obligación, el placer se convierte en dolor... y somos capaces de calmar los sentimientos de culpa que experimentamos desde el mismo momento en que nos comprometemos a divertirnos.

SI NO TENEMOS CONFIANZA EN NOSOTROS MISMOS, ¿COMO VAMOS A PODER TOMAR DECISIONES?

Dudar de uno mismo siempre crea grandes conflictos. No hace mucho, en una tienda, una desconocida estaba comprándose un sombrero extravagante para asistir a una boda. De repente se volvió hacia mí con una pregunta: ¿Le gusta? Como hombre, ¿cree que me sienta...? Su pregunta podría traducirse como "¿Me veré ridícula con este sombrero...?". Quizás le encante el sombrero, pero... ¿es ella capaz de llevarlo con gracia? ¿Y si en lugar de verse fabulosa pareciera a un payaso...? Cuando se llega a ese nivel de indecisión, comienzan los sudores fríos.

Si el cerebro nos funciona como a la mujer del sombrero y la necesidad de establecer un juicio nos vuelve poco menos que histéricos, es señal de que no tenemos confianza en lo que realmente valemos. Entonces, dependemos de los demás para que nos digan si somos brillantes, atractivos, inteligentes... o si hemos escogido el sombrero más apropiado. Al desconfiar de nuestros propios valores, procuramos frenéticamente adivinar qué puede agradar a quienes nos rodean... y entonces vivimos pendientes a cada momento de la opinión de los demás. En otras palabras: seríamos más felices si pudiéramos hacer una encuesta antes de tomar la decisión más insignificante, pero como ello no siempre es posible, pues quedamos paralizados, incapacitados de tomar cualquier decisión debido a la poca autoconfianza que hemos desarrollado a lo largo de nuestras vidas.

¡LA ENVIDIA NO SIEMPRE PERMITE TOMAR DECISIONES!

La indecisión también se produce cuando se siente que otros tienen mejor juicio y mejor suerte que uno. La persona que es obsesivamente indecisa, a menudo siente una envidia feroz hacia lo que tiene otro individuo... y mientras más intenso es ese sentimiento de envidia, más difícil le resulta decidir qué quiere. Consideremos un ejemplo para aclarar más este concepto:

- "Acabo de alquilar una cabaña en la playa", le dice alguien y usted inmediatamente piensa: "¡Con lo que a mí me gustaría tener una cabaña en la playa!". Pero si otro individuo afirma que detesta la playa y que tiene un ático delicioso en el centro de la ciudad, movido por un sentimiento de envidia pudiera pensar: "¡Eso es precisamente lo que yo quiero!". Dividido entre una cosa y otra (la cabaña en la playa y el ático en el centro de la ciudad), sin tener ni la más remota idea de cuál es la mejor selección, ¿cómo se puede llegar a decidir algo?

La envidia se manifiesta primeramente en la infancia, con ataques de celos contra los niños de la misma edad... como el amiguito que podía dibujar mejor que uno, la niña que era celebrada por todo el mundo porque tocaba muy bien el piano, la primita más linda y adinerada... ¡Situaciones intolerables para la mentalidad de muchos niños! Cuando nos vemos involucrados en estos líos emocionales a causa de sentimientos infantiles que nunca llegaron a ser resueltos y canalizados de una forma positiva, es evidente que no seremos capaces de decidirnos por algo en particular, porque cualquiera que sea el objeto o la situación que otra persona tenga o quiera, siempre nos parecerá lo mejor... ¡y la indecisión se apoderará de nosotros, paralizando la acción que pudiéramos tomar!

¡LA CODICIA TAMBIEN
GENERA INDECISION!

Cuando no podemos decidirnos por algo en particular, porque lo queremos todo, la situación continúa complicándose con lo que yo considero que son verdaderos "monstruos sicológicos".

Tengo una paciente que durante años ha usado el mismo abrigo gastado y deforme, sencillamente porque aspira a encontrar un abrigo para la oficina que también le sirva como impermeable, abrigo de vestir, y abrigo deportivo. Sin más rodeos, está loca por lo que podríamos considerar que sería un "abrigo mágico". Por supuesto, mi paciente pudiera escapar a su dilema de indecisión si comprendiera que los abrigos mágicos no existen y se decidiera por comprar primero el tipo que más falta le hace. Pero de su conflicto no hay escapatoria posible porque en realidad ella desea tener todos los abrigos en existencia y se enfurece al no poderlos comprar... hasta el punto de no decidirse siquiera por uno. ¡Su indecisión se debe a la codicia!

Pueden ser muchos los casos en los que la codicia sea el factor que genere la indecisión. Por ejemplo, sentados en el restaurante, pasamos diez minutos de agonía leyendo y releyendo el menú porque queremos el churrasco argentino, pero también la langosta termidor, y la paella valenciana. O porque entre la torta de chocolate y las tartaletas de fresa, preferiríamos quedarnos con las dos:

- La indecisión es, frecuentemente, una dolorosa distorsión de la codicia. Enfrentados a la realidad de tener que renunciar a una cosa para disfrutar de otra, no podemos decidirnos al trauma que siempre ocasiona la renuncia.

Claro, el proceso también puede presentarse al revés, y la frustrante indecisión ser la que nos lleve a la avaricia. Esta puede no ser más que el resultado de una incapacidad para establecer prioridades y tomar decisiones con la objetividad necesaria. Para huir del tormento de la selección (y del riesgo de cometer un error), la persona determina poseer todo... todo el dinero o todas las mujeres (u hombres) que hay en el mundo. Y es así como surgen los nerones, las mesalinas, y los glotones en general.

EL TEMOR A "SER ATRAPADOS" ES UNA DE LAS CAUSAS DE LA INDECISION CRONICA...

Para algunas de las personas obsesivamente indecisas, verse forzadas a tomar una decisión activa el mecanismo de un tipo muy especial de ansiedad:

- Al tener que escoger (decidir, en otras palabras), sentimos que clausuramos todas las posibilidades (de escape) y que nos exponemos a grandes peligros.

"Cada vez que tengo que decidir algo, me vuelvo claustrofóbica", dice otra paciente que es víctima de la indecisión crónica... "es como si una puerta se cerrara tras de mí". Comprometerse (en cualquier modo) la aterroriza. Aun las decisiones más insignificantes ("¿qué par de guantes compro?") encierran peligros formidables para ella. En estos casos, cada pequeña decisión toma las proporciones de un compromiso a perpetuidad.

¿Por qué se produce este fenómeno...? La joven que afirma sentirse claustrofóbica cuando va a tomar una decisión, por ejemplo, teme verse obligada a tener que seguirla por toda la vida. Si se compra una blusa azul y una falda morada, se ve usándolas por el resto de sus días y a ella misma afectada por la decisión que tomó en un momento dado: ¡se convertiría en la muchacha azul y morada! La razón de su indecisión es que nunca ha identificado quién es ella (no ha definido su verdadera personalidad), y piensa que fácilmente los demás pudieran identificarla exclusivamente por su selección más reciente. La equivocación fundamental de esta joven es permitir que la invada el temor irracional a la perpetuidad de cada decisión que tome en la vida. No tiene arraigado el concepto de que:

- Ninguna decisión es perpetua (o casi ninguna). La mayoría de las decisiones son perfectamente reversibles... o se puede escoger de modo distinto la próxima vez, porque las decisiones son variables.

EL TEMOR A LAS CONSECUENCIAS... O "EL CASO DE LA PROSTITUTA Y EL LADRON"

Tengo otra paciente a quien su abrumadora incapacidad para tomar decisiones la llevó al consultorio siquiátrico, donde finalmente se dio cuenta de que cada vez que iba a tomar una decisión surgía en su mente el recuerdo de una película que había visto a los 12 años de edad. El argumento se centraba alrededor de una pareja pobre e ingenua de las provincias francesas que escapaba del pueblo donde vivía e iba a París para casarse en secreto. Al llegar a la estación de trenes, accidentalmente la pareja quedó separada cuando el joven le pide a la muchacha que lo espere mientras busca una valija extraviada. Ella se pone nerviosa al ver que él se demora, y decide comenzar a buscarlo. Pero pasa por un lado de una columna, mientras él se aproxima por el opuesto... y no se encuentran. Surge así el conflicto, evidentemente: ella se siente abandonada, desvalida, y no tiene otra alternativa que volverse prostituta; él se siente igualmente abandonado por su prometida, y se transforma en un delincuente. Pasan varios años antes de que vuelvan a reunirse, una noche en la que el ladrón, huyendo de la Policía, se refugia en la primera puerta abierta, y cae en el cuartucho de la prostituta. "Siempre me he visto caminando por el lado equivocado de la columna", me confesó mi paciente, ya sometida a terapia. "Por eso jamás he podido tomar decisiones".

Es evidente que el recuerdo recurrente de esta película revelaba el temor de mi paciente a que cualquier decisión provocara las más profundas y terribles consecuencias en su vida. Este temor (en mayor o menor intensidad) persigue a muchas mujeres... el caso de otra paciente que sufre de indecisión crónica: me ha llegado a admitir que se le pone la carne de gallina al tener que tomar una decisión, porque teme que la misma pueda afectar totalmente su vida. Evidentemente, esta actitud ante el proceso de tomar decisiones muestra un comportamiento sicológico anormal.

Analice con la objetividad debida:

- ¿Es posible que una decisión intrascendente cambie enteramente la existencia de un ser humano?

No, por supuesto que no. Tal vez si se decide dejar un trabajo estable para iniciar un negocio propio, o casarse con una persona determinada y no con otra, sí sean decisiones que puedan afectar la vida de un individuo. Estas son decisiones trascendentales y requieren ser consideradas analíticamente. Pero también hay que tomar en consideración que la vida nos lleva muchas veces por distintos caminos, en ocasiones ajenos al que habríamos elegido... tomemos decisiones o no. Porque, inevitablemente, tenemos todos que sufrir las consecuencias de tomar o no tomar decisiones. Y una vez que nos logramos habituar a esa idea, probablemente nos resulte más fácil decidir y escoger lo que preferimos.

¡NO PODEMOS PREDECIR EL FUTURO!
POR LO TANTO, NUNCA PODEMOS DETERMINAR SI LAS DECISIONES QUE TOMAMOS SERAN LAS CORRECTAS O NO...

La *indecisión crónica* también puede ser el resultado de nuestro deseo de predecir cuáles serán las consecuencias de cada uno de nuestros actos. Como producto de esta aspiración irrealizable, nos pasamos la vida mordiéndonos las uñas, queriendo estar absolutamente seguros de que nuestras decisiones serán las correctas, de que nuestras selecciones inevitablemente llevarán a los resultados que esperamos. Lamentablemente:

- No hay quien pueda anticipar que sus decisiones serán las correctas.

Conozco a una mujer de negocios que podría escribir una enciclopedia sobre los distintos modos de enloquecer de ansiedad. **Ana B.** se atormenta considerando cuanta posible alternativa pueda existir y las infinitas series de reacciones en cadena que cada una de las decisiones que tome en su trabajo puedan desatar. ¿Le gustará al Gerente la nueva idea que se le ha ocurrido? ¿La encontrará maravillosa o tonta...? ¿Será mejor presentársela a las cuatro de la tarde, a solas, o durante la reunión de la mañana...? ¿Despertará la envidia de sus rivales...? ¿Cómo puede hacer para calmarla...? Ante todas estas posibilidades que provocan su *indecisión crónica,* Ana se estremece y hace planes. "¡Si supiera cuál es la decisión acertada!", grita interiormente, frustrada, tratando en vano de analizar el futuro. La necesidad que tiene ella de estar a cargo de la situación sobrepasa con mucho a la normal; Ana se ve embargada por un temor desesperado (y desesperante para los demás, desde luego) a lo que puede ocurrir si ella no mantiene el control de las riendas de su vida en todo momento.

Tomar decisiones nos hace palpitar el corazón y causa temores porque cada decisión que tomemos nos coloca delante de un camino que nunca antes hemos explorado. Nos preguntamos ¿qué sucederá exactamente?, pero no tenemos los medios para ver el futuro. Lo irónico de todo este proceso es que la ansiosa carrera por controlar el futuro, el deseo de clarividencia, nos impide experimentar y disfrutar las consecuencias de la decisión que hayamos podido tomar, cualquiera que ésta haya sido. Considere:

- Tomar riesgos ante lo desconocido tiene la ventaja de que, por lo menos, hace que nuestra sangre circule más activamente... además de que aprendamos con la experiencia que acumulemos en el proceso.

¿COMO EVITAR RESPONSABILIDADES?
¡SIENDO INDECISO!

Otra razón más para la *indecisión crónica* se encuentra en el deseo de conservar indefinidamente la irresponsabilidad que es característica de los años de la niñez. Nos negamos a realizar selecciones conscientes y dejamos todo el peso de las decisiones al inconsciente. Veamos varios ejemplos:

- Consideremos el caso de una joven cuya moralidad está en conflicto directo con sus instintos sexuales. Un hombre que le atrae sexualmente la invita a salir, y ella evita la responsabilidad de tener que decidir si se entrega físicamente a él, bebiendo más de la cuenta. De esta manera puede consolarse pensando que no fue una entrega consciente... una manera hábil de salvar su responsabilidad y no sentirse culpable por haber cedido a sus verdaderos deseos.
- También podemos considerar el caso de la joven que no puede casarse debido a su indecisión... pero queda embarazada, y la situación la fuerza al matrimonio que no había decidido.
- Y, desde luego, debemos considerar el caso del hombre indeciso que permite que una mujer dominante lo fuerce a casarse valiéndose de subterfugios de todo tipo. De esta manera, si el matrimonio resulta un fracaso, es ella quien tiene la culpa, y no él (él fue "forzado" al matrimonio... ¿no?).

Los siquiatras consideramos que estos conflictos de responsabilidad significan que nuestra niñez fue controlada por la influencia de padres en extremo domi-nantes. El niño que continúa viviendo en nosotros desea que le sigan diciendo lo que debe hacer porque en verdad le tenemos miedo a lo que queremos; nos aterroriza que nuestra selección pueda ofender a mamá o a papá. Así, nos pasamos la vida creando imágenes maternas y paternas que nos ayuden a tomar decisiones; le pedimos a esas imágenes que tomen las decisiones por nosotros... pero en el fondo estamos a punto de estallar de resentimiento, porque sentimos que no podemos hacer valer nuestra voluntad. ¡No estamos en control de nuestras vidas!

¡A VECES NOS CASTIGAMOS
SIENDO INDECISOS!

¿Está preparado para considerar otro demonio sicológico más que puede ser la causa de su indecisión...? Pues bien:

- Muchas veces vacilamos constantemente sobre lo que debemos hacer porque tenemos una pésima opinión de nosotros mismos.

Le damos mil vueltas a la idea de abandonar un empleo atroz, romper con un cónyuge imposible, o finalizar un matrimonio momificado, porque no creemos que merecemos nada mejor. Periódicamente nos preparamos para la acción... y nos desmadejamos al primer paso. "¿Dónde podría conseguir otro empleo"?, pregunta un talentoso Diseñador Gráfico, después de dieciocho años adherido a un empleo mal remunerado y tedioso. Una paciente que he estado viendo en las últimas semanas permanece atada a un matrimonio de espanto porque —argumenta— "¿Cómo voy a dejar a mi marido? ¿Cómo podría sobrevivir sin él...? ¿Quién se casaría conmigo, una vez que me divorcie...?"... ¡Excusas y más excusas para su indecisión!
Evidentemente:

- Quienes sufren de una profunda falta de autoestimación muestran la tendencia a desconfiar de sí mismos y piensan que cualquier decisión que tomen tiene que ser la errónea.

Por eso estas personas viven prácticamente paralizadas, estancadas en situaciones negativas. Identifican que necesitan un cambio para asumir el control de sus vidas, pero son incapaces de decidir y actuar para corregir estos rasgos enfermizos de su personalidad. Se sienten asfixiadas en el callejón sin salida en que "el destino" las ha colocado (¡la excusa más manida, desde luego!), y no hacen nada por escapar. Lo peor de pasarse la vida anticipando desgracias es que, inevitablemente, las desgracias nos pueden llegar en cualquier momento... tomemos o no las decisiones acertadas.

¿COMO PODEMOS LUCHAR CONTRA LA INDECISION NEUROTICA?

Algunas personas obsesivamente indecisas se sienten obligadas a fingir que en realidad son dinámicamente decididas. Debido a esta imagen falsa que desean proyectar a las personas a su alrededor, siempre toman una decisión rápida... ¡cualquier decisión con tal de impresionar favorablemente a otros! Este tipo de persona abunda, desde luego. Hable con alguien así y obtendrá respuestas definitivas en fracciones de segundos: "Sí, iré a la reunión"; "No, no me interesa esa película"; "Sí, voy a presentar mi renuncia en una semana...".

Cuando actuamos así, nos felicitamos por nuestra aparente seguridad mental y esperamos que todo el mundo la note. Pero al terminar la conversación, durante un segundo análisis, surgen los arrepentimientos. ¿Por qué? Pues porque al tomar decisiones con tanta rapidez no hemos estado ejercitando nuestro buen juicio, sino que hemos ignorado nuestras preferencias con tal de que no se nos considere "indecisos". No nos atrevemos a decir "te llamo más tarde para informarte sobre la decisión que pienso tomar". Eso nos lleva directamente a la primera regla para ayudar a las personas indecisas:

1
¡DESE TIEMPO!

Posponer las decisiones es, precisamente, lo que una persona indecisa debe atreverse a hacer; considere que "el no tomar una decisión es —ya de por sí— una decisión". ¡No se trata de ninguna vergüenza! A veces lo más conveniente para actuar adecuadamente en la vida es permitir que las decisiones se vayan formando solas, y evitar dar saltos innecesarios y repentinos en el vacío. Recuerde que:

- No toda indecisión es neurótica; necesitamos tiempo para consultar lo que podemos (o debemos) hacer empleando debidamente nuestra inteligencia, valiéndonos de nuestra capacidad analítica... y tomando siempre en cuenta nuestros sentimientos, desde luego.

2
¡USE ESTRATEGIAS MENTALES AL TOMAR DECISIONES!

Aunque no precipitarse a tomar una decisión es conveniente, en ocasiones no queda otra alternativa que tomar decisiones en el momento. Entonces, es preciso recurrir a ciertas estrategias mentales:

- Una de mis pacientes obtuvo un empleo excelente en una ciudad diferente a donde había vivido con sus padres toda la vida; se angustiaba terriblemente porque no sabía si debería emplear los fines de semana en visitar a sus padres, o pasarlos con el hombre del cual estaba enamorada. Finalmente llegó a una decisión intermedia: iría a ver a sus padres el tercer fin de semana de cada mes. Ahora que ha logrado establecer una regla fija con respecto a la visita a sus padres, finalmente ha logrado controlar la ansiedad que antes la embargaba.
- Otro paciente también se ha impuesto una regla inflexible cada vez que tiene que tomar una decisión importante: "Ante la duda, la negativa". Afirma que si no se hace algo espontáneamente, si no siempre surge el impulso irresistible de decir que sí, su respuesta es un inconmovible NO. Con esa estrategia evita infinidad de pequeños problemas que podrían afectarlo por una decisión mal tomada. ¡Excelente estrategia la de mi paciente!

3
¡PIDA CONSEJOS!

Existen personas que necesitan conocer la opinión de media humanidad antes de tomar una decisión... un síntoma neurótico, desde luego. Pero pedir consejos a una o dos personas de confianza, cuando se está en medio de una gran confusión, es perfectamente normal. Sólo hay que tener cuidado al exponer el problema y ofrecer suficiente información objetiva a la persona a quien solicitamos orientación, para que ésta pueda llegar a establecer un juicio al respecto. El consejo que podamos recibir es un factor muy importante, aunque no el único que debemos tomar como guía al tomar decisiones.

4
HAGA LISTAS DE SUS DILEMAS

Es un sistema muy práctico y efectivo para analizar una situación que requiere tomar una decisión. Por ejemplo:

- Lleva seis meses saliendo con una persona que le interesa... y todavía no sabe si le conviene o no.
- Ha estado pensando en cambiar de empleo... y tampoco acaba de hacerlo.

Si la indecisión en cuanto a algo muy importante en su vida lo mantiene paralizado, pruebe esta estrategia: haga una lista de todas las cualidades de la persona que ama, o de su empleo, o del apartamento donde vive (o lo que sea), y en una columna separada anote todos los elementos que detesta con respecto a los mismos. Entonces guarde la lista y espere a que transcurran unas cuantas semanas. Al cabo de este tiempo, prepare otra lista semejante, y compárela con la primera:

- Si los mismos elementos y situaciones continúan molestándole, ello significa que debe cambiar su situación.
- Por otra parte, si el número de cualidades positivas ha aumentado y el de los defectos se ha reducido, ello indica que debe mantener las cosas aproximadamente como están.

¡Las listas sirven para aclarar los problemas y situaciones de crisis que nos afectan, y nos orientan con respecto a las decisiones que podemos tomar!

5
¡PERMITASE ALGUNOS ERRORES!

Es fundamental comprender que los errores en la vida son inevitables, y que a todos nos están permitidos. Tengo un amigo que ocupa el cargo de Vicepresidente de una importante compañía que manufactura ropa deportiva, y su concepto con respecto a las decisiones es muy objetivo: "Como quiera que sea, uno siempre va a cometer errores y a tener aciertos. De modo que basta con hacer lo que uno considere mejor en cada momento... ¡y echar las preocupaciones a un lado!".

Cuando se actúa así, los resultados a veces son sorprendentes... en contra o a favor. Hay que darse cuenta de que por muy lista, cuidadosa y decidida que sea una persona, todos nuestros pasos en la vida no pueden ser perfectos. Sin embargo, rara vez una mala decisión hace que el mundo se desmorone a nuestro alrededor. Es decir, la mayor parte de los errores no son tan agraves. Por lo tanto, aprenda a tomar decisiones... ¡TODAS!

CONSIDERE, ADEMAS...

MAS INDECISOS:
¿LAS MUJERES O LOS HOMBRES?

Tiene que ser hembra... porque no sabe adónde va!", grita uno de los compañeros de John Wayne, mientras el grupo de hombres persigue a un grupo de rinocerontes en la sabana africana (en la película "Hatari"). ¡La eterna burla que los hombres hacen hacia las mujeres! Sin embargo, sí es cierto que a las mujeres les resulta más difícil tomar decisiones. ¿Por qué? Para comenzar, a las mujeres se les ha enseñado (y esa actitud apenas comienza a cambiar) a preocuparse tremendamente por lo que piensen los demás. Si cometen una equivocación, se sienten peor que los hombres, porque están más expuestas a la censura. Por otra parte, también se sienten atemorizadas de que se las considere superdominantes. Si son demasiado decididas, agresivas, etc., se les acusa de provocar la impotencia sexual en los hombres. Y éstos son los motivos por los que muchas veces las mujeres son incapaces de tomar decisiones, porque el acto de decidir va en contra de lo que algunas consideran que es la feminidad. ¡Es así como las mujeres se convierten en las víctimas más frecuentes de la indecisión!

Una actriz prometedora, que desea el éxito, pero teme no saber llevarlo, piensa en casarse con un hombre rico... es su medio de escape. A otra joven le complace su vida de soltera, pero teme que si no se casa con determinado hombre, nadie le va a proponer matrimonio en el futuro... y se casa. Es decir, se ve a forzada por las circunstancias a tomar decisiones que van en contra de su voluntad (o interés). Sí, no hay duda de que las mujeres son más indecisas que los hombres... ¡y por reflejo condicionado!   La timidez afecta con más frecuencia a las mujeres que a los hombres, porque a éstos siempre se les permitió andar en la calle, luchar abiertamente por sus derechos, y manifestar todas las necesidades de su ego. En cambio a las mujeres se les ha forzado siempre —desde muy pequeñas— a reprimir sus decisiones en aras de "ser femeninas". No es de extrañar, pues, que hoy en día les cueste más trabajo tomar decisiones y que a veces vacilen sobre lo que deben o no deben hacer.

CAPITULO 13

HOSTILIDAD:
¿COMO CONTROLARLA?

Por lo general, la mayoría de los seres humanos tratamos de evitar los disgustos y evadimos todas aquellas situaciones que puedan contrariarnos. Inclusive, en los casos en que esa contrariedad ya es inevitable, la tendencia a reprimir la hostilidad es grande... y el "control" que ejerzamos sobre nuestras emociones es lo que nos permite que no estallemos en ataques de cólera incontrolable. ¿Por qué hacemos esto? Pues porque —consciente o inconscientemente— inferimos que:

- La hostilidad es un sentimiento perturbador que nos absorbe toda nuestra energía (física y síquica), dejándonos molestos e incómodos con nosotros mismos.

Ahora bien, ¿está usted consciente de que la hostilidad es una de las emociones humanas más difíciles de controlar... y de regular? Es más, le tenemos miedo porque sabemos todo el daño que la hostilidad puede causar cuando no logramos canalizarla debidamente. Sin embargo, si no aprendemos a expresar la hostilidad y a canalizarla positivamente, jamás podremos ser felices. Y lo peor que podemos hacer en este sentido es reprimirla, porque una contrariedad reprimida sólo consigue deteriorar la amistad y el amor, privarnos de momentos de felicidad... ¡y amargarnos totalmente la vida!

Además, considere: cuando reaccionamos con ira y albergamos hosti-li-dad por pequeñas inconveniencias que nos presenta la vida cotidiana, estamos afectando nuestra salud (física y mental)... ¡y restándonos años de vida! La hostilidad no debe ser reprimida ni exteriorizada abiertamente, sino evitada... ¡y en este capítulo le explico cómo!

Es importante saber que en la década de los años cincuenta, los sicólogos comenzaron a estudiar las características de las personalidades humanas y finalmente llegaron a definir dos amplias clasificaciones generales de acuerdo con sus actitudes ante la vida:

- Los individuos clasificados como **personalidad tipo A** se caracterizaban por ser en extremo competitivos, trabajadores infatigables, y con frecuencia mostraban un comportamiento hasta cierto punto agresivo (hostil, según muchos siquiatras). De acuerdo con esta teoría, estos individuos eran más propensos a desarrollar problemas cardíacos y enfermedades cardiovasculares que los individuos de **personalidad tipo B**, más sedentarios en sus hábitos y de actitudes más apacibles ante los embates naturales que nos presenta la vida.

Más recientemente, numerosos estudios e investigaciones médicas realizadas al respecto han demostrado que sólo una de las características de la *personalidad tipo A* (la hostilidad) es el factor que más influye en la incidencia de complicaciones en el funcionamiento del sistema circulatorio. Es decir:

- La actitud competitiva y el deseo de trabajar constantemente no son factores tan definidos para que estos individuos A lleguen a desarrollar deficiencias cardiovasculares; en cambio, la agresividad (hostilidad) sí es un factor decisivo para ellos en las enfermedades cardíacas.

EL EFECTO FISICO
DE LA HOSTILIDAD

Lo más probable es que usted conozca a algún individuo que constantemente se enfrenta a la vida con un grado de cinismo sorprendente, que por lo general se muestra enfadado (sin motivo aparente alguno), y que parece estar listo para entablar una batalla en cuanto surja ante él la menor provocación. Mientras que la mayoría de las personas por lo general pasan por alto todas esas pequeñas inconveniencias y contrariedades que se nos presentan con frecuencia en la vida cotidiana, estos individuos —francamente hostiles— convierten esos hechos de menor importancia en grandes batallas que provocan una amplia variedad de emociones intensas en ellos. En muchos casos, la salud de estos individuos está afectada debido a su carácter hostil.

Recientemente, los científicos especializados en el campo de la Medicina han logrado desarrollar una serie de experimentos basados en situaciones que han sido diseñadas deliberadamente para causar frustración a los sujetos bajo estudio y comprobar cómo la ira y la hostilidad afectan el funcionamiento de su organismo... como por ejemplo, presentándoles una serie de problemas matemáticos difíciles de resolver (para desencadenar en ellos una reacción de contrariedad), o provocando situaciones desagradables (de conflicto) con vendedores que deliberadamente actúan en una forma grosera y ruda en transacciones sencillas con ellos. Como resultado de estos experimentos, los investigadores han podido evaluar con bastante precisión el efecto físico que la hostilidad ejerce en los seres humanos:

- Ante una reacción de hostilidad, el cerebro ordena a las glándulas suprarrenales que incorporen, inmediatamente, un volumen adicional de hormonas en el torrente circulatorio, incluyendo la adrenalina.
- Estimulado por el exceso de adrenalina, el corazón late más rápidamente y la presión arterial se eleva.
- El estrés que representa el incremento del flujo sanguíneo por las arterias —saturado de hormonas— provoca daños a las paredes arteriales.
- La acumulación de estos daños las hacen más susceptibles a desarrollar depósitos de placa y de coágulos de sangre, y —eventualmente— pueden interrumpir el flujo de la sangre al corazón, provocando los peligrosos accidentes cardiovasculares.
- Asimismo, en las personas que ya han sufrido daños en el sistema circulatorio, las reacciones físicas provocadas por la hostilidad disminuyen aún más el flujo de sangre en las arterias y —por lo tanto— queda afectada la capacidad del corazón para bombear la sangre.

La reacción exagerada con la que el cuerpo humano responde ante la hostilidad tiene sus consecuencias, evidentemente:

- Los investigadores han medido el flujo de sangre arterial y la acumulación de depósitos de placa en las arterias en personas de actitud generalmente hostil ante la vida, y los resultados demuestran que las mismas sufren de un grado mayor de obstrucción que la de los individuos que muestran un carácter más moderado.
- Consecuentemente, las personas hostiles manifiestan una incidencia mucho más alta de angina pectoris (dolor en el pecho) y de ataques al corazón, al punto de que —en general— su promedio de años de vida es inferior al de las personas que no toman la vida tan a pecho, sino

que limitan la ira y la hostilidad para situaciones extremas que realmente los afecten profundamente.

Las investigaciones realizadas en los últimos diez años —incluyendo un importante estudio preparado por la Universidad de Harvard (Massachusetts; Estados Unidos), y que fue presentado al *American Heart Association* hace varios años— sugiere que:

- **La hostilidad crónica y las manifestaciones de ira son factores que incrementan notablemente el riesgo a sufrir ataques del corazón.**

Es más, todas las estadísticas compiladas al respecto demuestran que:

- El daño físico que provocan la ira y la hostilidad en determinados individuos hace que los mismos dupliquen el riesgo a desarrollar diferentes enfermedades coronarias... incrementando igualmente la incidencia de muertes repentinas.

¿PADECE USTED DE HOSTILIDAD CRONICA? ¡SOMETASE A ESTE TEST!

Una vez planteados los daños físicos que la hostilidad causa en el ser humano, es fundamental que analicemos si es usted una persona que sufre de *hostilidad crónica* para que pueda ser su propio siquiatra y controlarla debidamente. El **Doctor Redford Williams** (de la *Universidad de Duke,* en los Estados Unidos), ha desarrollado una prueba sicológica para determinar la propensión del ser humano a la hostilidad. Y aunque en realidad no se trata de un examen científico, las respuestas que usted pueda dar revelan —en cierta medida— su nivel de hostilidad latente:

Responda SI o NO a las siguientes preguntas:

1.   Frecuentemente me molesto si estoy esperando en una línea del supermercado, y compruebo que la misma no avanza a la velocidad que yo quisiera. Mi hostilidad llega a extremos si la persona comienza a conversar innecesariamente con la cajera, sin manifestar consideración para los clientes que aguardan que su transacción concluya.

       SI ☐ NO ☐

2. Soy una persona exigente y muy consciente de que no se pierda el tiempo. Generalmente me mantengo al tanto de las personas que viven o trabajan conmigo para asegurarme de que están haciendo lo que deben, y en el momento en que deben.

SI ❑ NO ❑

3. Es evidente que la obesidad es una enfermedad, pero con frecuencia me pregunto por qué motivo las personas obesas muestran un grado tan bajo de autoestimación...

SI ❑ NO ❑

4. La experiencia me hace pensar que la mayoría de las personas se aprovecharían de uno si tuvieran la oportunidad de hacerlo. Si no lo hacen, es porque uno no lo permite... pero la intención se mantiene ahí, latente en todo momento...

SI ❑ NO ❑

5. No me debo engañar: sí, los hábitos de mis amigos (o de mi propia familia) me molestan... y a veces, considerablemente.

SI ❑ NO ❑

6. Cuando estoy atrapado en el tráfico, mi corazón late más de prisa... sobre todo cuando estoy consciente de que se me ha hecho tarde para llegar a un lugar donde me esperan.

SI ❑ NO ❑

7. Cuando alguien me molesta, no me quedo callado... ¡Me da placer dejárselo saber!

SI ❑ NO ❑

8. Si alguien me hace algún daño (consciente o inconscientemente), ¡por supuesto que quisiera vengarme! He sido afectado, ¿no?

SI ❑ NO ❑

9. Me gusta tener la última palabra en cualquier discusión.

SI ❑ NO ❑

10. Por lo menos una vez por semana me dan ganas de gritarle o golpear a alguien... aunque a veces reconozco que sería una reacción fuera de todo contexto razonable.

SI ❑   NO ❑

De acuerdo con el Dr. Williams:

- Si responde positivamente (SI) a cinco o más de las diez preguntas anteriores, usted es una persona demasiado hostil... y, para proteger su salud, es muy importante que modifique su actitud frente a las situaciones de menor importancia que le puedan ocurrir diariamente.

Tenga presente que esas situaciones intrascendentes se nos presentan a todos los seres humanos con mucha frecuencia, ¡y no todos reaccionamos con el mismo nivel de ira ni albergamos los mismos sentimientos de hostilidad! Ejercer control... ésa es la recomendación de orden en situaciones como las que aparecen mencionadas anteriormente. ¡Ejérzalo!

¿QUE HACER CUANDO LA IRA Y LA HOSTILIDAD COMIENZAN A INVADIRNOS...?

Si se le presenta una situación desagradable y se da cuenta de que las emociones hostiles comienzan a tomar el control de sus actos, reflexione por unos momentos y responda mentalmente a las siguientes preguntas:

- ¿Está justificada la hostilidad que comienzo a sentir...?
- ¿Necesita la situación de mi atención continuada... o puedo olvidarme de ella al instante, y comenzar a pensar en otra cosa?
- ¿Puedo actuar en una forma constructiva... o no?

Considere, por ejemplo, la situación que se puede presentar cuando usted está conduciendo su automóvil en el tráfico congestionado de la tarde y, de repente, otro vehículo se interpone en su camino, en una forma arbitraria (sin hacer señales de ningún tipo). ¿Debe usted reaccionar con hostilidad? Por supuesto, ésa es la reacción natural en la mayoría de los seres humanos (especialmente ante la posibilidad de haber podido sufrir un accidente). Pero, considere la siguiente pregunta: "¿Voy a ganar algo con gritarle insultos de todo tipo a este conductor errático...? No me parece...". Es verdad que el otro chofer pudo haber provocado un accidente, pero usted no puede hacer nada constructivo ante este tipo de situación, porque en ningún momento la misma estuvo bajo su control. Nada ganaría con hacer sonar ahora el claxon, ni con gritar obscenidades, ni con mantenerse enfadado por un período de tiempo indefinido. Lo mejor —digamos que lo más beneficioso para su salud, física y mental— es aceptar lo que sucedió como una imprudencia automovilística de otro individuo irresponsable, a quien usted ni siquiera conoce... y mantener la ecuanimidad para continuar adelante con su vida. Es decir:

- Lo saludable en casos de este tipo es dejar la ira a un lado, y canalizar los sentimientos de hostilidad pensando en algo más positivo.

Si tiene dificultad para eliminar la hostilidad innecesaria una vez que ésta ha adquirido cierta intensidad, adopte una de estas sugerencias:

- Practique ejercicios de meditación o cierre los ojos por unos minutos.
- Distráigase con otro estímulo (como escuchar música agradable).
- Trate de interrumpir el ciclo si comprueba que la hostilidad innecesaria aumenta en intensidad. Repítase a sí mismo (en alta voz o en silencio): "¡Basta! ¡Mi salud es más importante que la ira!"... ¡y logrará controlar una emoción de ira que puede afectar su salud!

¿COMO EXPRESAR SU HOSTILIDAD JUSTIFICADA? ¡DIGA LO QUE REALMENTE SIENTE!

A este punto usted seguramente se estará preguntando: bueno, ¿y entonces cómo debo expresar mi hostilidad cuando es justificada (provocada por un hecho que realmente lo ha afectado)? Pues se sorprenderá ante la sencillez de la respuesta:

- Simplemente, debe decirle a la persona que lo hirió qué fue exactamente lo que ésta hizo para enojarlo y provocar la hostilidad en usted.

¿Le parece fácil el remedio? ¿Puede usted decirle a alguien —con toda franqueza— qué es lo que le molesta? Si no es capaz de confesar lo que siente, entonces usted es víctima de su inseguridad personal y del temor a herir a los demás. Es decir, esos dos factores (el temor y la falta de seguridad en usted mismo) le impiden descargar su hostilidad justificada en el momento preciso y contra la persona responsable de su enojo.

A continuación, veamos cómo reaccionar ante situaciones en las que la hostilidad es justificada:

SITUACION No. 1
LA HOSTILIDAD ENTRE
MIEMBROS DE LA FAMILIA...

Es evidente que la hostilidad es más difícil de manifestar cuando es provocada por alguien que usted considera que es de su absoluta confianza, alguien con quien siempre debe "llevarse bien". Tomemos de ejemplo un caso típico: Matilde y su madre.

- La madre de Matilde es una mujer terriblemente exigente, y todo lo critica en su hija. Se pasa la vida hablando en forma negativa de su profesión (modelo), provocando una hostilidad considerable en la joven. ¿Por qué lo hace? Porque en realidad —a nivel inconsciente, desde luego— está celosa del éxito que la joven ha alcanzado como modelo profesional.
- Como a Matilde le cuesta trabajo admitir que su propia madre pueda albergar sentimientos tan negativos hacia ella, controla su enojo y no protesta ni la pone en su lugar (como debiera hacer).

Analicemos un diálogo frecuente entre Matilde y la madre:

Madre: "Matilde, ¿cuánto tiempo crees que esta carrera tuya va a durar...? Ahora tú serás muy atractiva, pero no creas que te vas a mantener así toda la vida. ¿No crees que ya es hora de que vayas pensando en otra cosa que no sea modelar... en una profesión más estable para el futuro...?"
Matilde: "Pero si ése es mi futuro, mamá...".

Madre: "¿... y qué te vas a hacer cuando ya no puedas modelar más?".

Matilde: "¡Pero mamá...! ¡Si acabo de empezar mi carrera ahora! ¡Ni siquiera he cumplido aún los 23 años!".

Madre: "Pues tu juventud y tu belleza no te van a durar toda la vida... debes saberlo. Se te van a escapar más rápido de lo que crees".

Matilde: "Mamá... Lo que sucede es que tú no entiendes nada sobre mi carrera".

Como es fácil apreciar, la madre de Matilde le está haciendo la vida imposible a su hija... pero Matilde se niega a admitirlo. Por ello, insiste en explicarle a la madre las posibilidades futuras de su carrera —bla, bla, bla— en vez de decirle —de una vez y por todas— que no la siga criticando porque le está haciendo daño. Obviamente, la madre la seguirá agobiando hasta que la joven tome la decisión de actuar como debe.

Después de muchas explicaciones inútiles, llega el día en que Matilde se cansa de sentirse culpable, molesta, y defraudada cada vez que habla con su madre. La joven se da cuenta (¡finalmente!) de lo que su madre le está haciendo, y como su hostilidad ha llegado a un nivel tan elevado, decide ponerle fin al problema. Analicemos su nueva actitud:

Madre: "Matilde, no me has llamado esta semana... ¿te sucede algo?".

Matilde: "Sí, mamá... tú me ofendes y me haces sentir mal cada vez que hablo contigo".

Madre: "¿... porque te digo que pienses en tu futuro y en una carrera más estable...? ¡No seas malagradecida, hija!".

Matilde: "Mamá, eso quiere decir que a tí no te importa lo que yo quiero o considero que es importante para mí".

Madre: "Ah, ¿sí...? Lo que pasa es que tú eres demasiado... demasiado sensible".

Matilde: "Lo siento mamá, pero si a tí no te importa hacerme daño, prefiero no hablar tan frecuentemente contigo. Yo no puedo ni trabajar ni concentrarme en nada cada vez que discutimos sobre este mismo asunto".

En esta ocasión Matilde le está haciendo frente a su ira de una manera saludable, racional. Claro que esto no quiere decir que su franqueza haya cambiado la actitud de la madre; sería muy poco realista de nuestra parte pensar que nuestra hostilidad pueda modificar la actitud de las personas que nos ofenden o que provocan nuestra ira. Puede que sí, pero eso no es lo importante.

En el caso de Matilde, por ejemplo, la madre no va a modificar mucho su opinión porque se resiste a admitir la realidad de su conducta: que hiere a su hija porque en el fondo se siente celosa de su éxito. La única beneficiada con su confesión será Matilde, que ha llegado a ver la realidad tal y como es, y que ya sabe cómo hacerle frente a ella. Tiene dos alternativas:

- no hablarle más a su madre.
- distanciarse emocionalmente de ella.

Cualquiera de las dos que tome, Matilde se verá libre de la ansiedad que sentía cada vez que reprimía la hostilidad que su madre despertaba en ella.

SITUACION No. 2
LA HOSTILIDAD ENTRE LOS AMIGOS

Los amigos llegan a conocerse tan bien que saben perfectamente los puntos débiles de cada uno. O sea, cada amigo, si quisiera, pudiera herir al otro fácilmente, porque sabría por dónde y cómo atacarlo... ya que conoce sus aspectos más vulnerables. Claro, se abstienen de hacerlo no solamente porque se respetan y quieren, sino porque si uno ataca primero, el otro puede tomar la defensiva utilizando las mismas armas. Lamentablemente para nosotros, a veces un amigo (o una amiga) viola nuestra confianza y nos hiere profundamente. Cuando esto ocurre, la cólera que bulle en nuestro interior es también enorme y requiere una descarga rápida y total.

Considere la siguiente situación, entre dos amigas que han alcanzado un nivel de intimidad grande: Victoria está furiosa porque Elvira la ha lastimado profundamente. Se está divorciando de su esposo, y Elvira le ha dicho al abogado del mismo que Victoria va a presentar una demanda para pedirle al esposo una pensión mensual más elevada... lo cual no es cierto. Todo esto ha sido inventado por Elvira, quien se siente con ánimos de atacar a su amiga. Victoria está furiosa (y con toda razón), y expresa su hostilidad de la siguiente manera:

Victoria: "¡¿Cómo has podido hacerme esto, después de todo lo que hemos pasado juntas!? ¡Si nosotras hemos sido siempre como hermanas... ¿qué te ha pasado?!".
Elvira: "No exageres la situación, que no es para tanto".
Victoria: "Después que te he confesado todos los problemas que he tenido con el divorcio, ¿cómo se te ocurre decirle ahora al abogado de mi esposo

que quiero quitarle más dinero a mi marido? ¡Es que no lo puedo creer! Además, yo nunca he dicho nada semejante...".

Elvira: "Ya lo sé... pero estaba de mal humor y, después de todo, tu marido te ha hecho sufrir mucho. ¡Quería darle un buen susto!".

Victoria: "Pues... ¿sabes lo que ha pasado con tu entrometimiento? Que ahora estamos más lejos que nunca del acuerdo que yo quería. ¡Los seis meses de pleito han sido en vano!".

Elvira: "¡Estás exagerando, como siempre! Todo quedará olvidado... en una semana, te lo aseguro".

Victoria: "Pero me has hecho daño...".

Victoria y Elvira son amigas desde niñas. Elvira no es muy digna de confianza que digamos, pero Victoria nunca se había dado cuenta de ello. Ahora que lo sabe, debe decidir si quiere mantener una amistad tan estrecha con ella o no. Por el momento ha hecho bien en manifestar su hostilidad contra su amiga. Después que pase un tiempo, las dos sabrán si quieren continuar la amistad... y si vale la pena hacerlo.

En una buena amistad es probable que una traición semejante no ocurra nunca, pero... nunca se sabe. Hasta en las relaciones más sólidas existe siempre la posibilidad de una herida pequeña o de que surja algún tipo de resentimiento.

- Si se quieren aliviar las tensiones creadas por algún problema, la persona herida debe decirle con toda sinceridad a la amiga que se siente molesta pero que está dispuesta a perdonarla: "Me heriste, pero ahora que te lo dije, ya me siento mejor". De esta forma usted le puede dar escape a su cólera, y —al mismo tiempo— no hace que su amiga se sienta tan culpable.

SITUACION No. 3
LA HOSTILIDAD ENTRE LOS CONYUGES

Un cónyuge que no se preocupa por sus propios sentimientos, tampoco se preocupará por usted. ¡No se engañe! Si no le permite expresar libremente su enojo, tampoco le permitirá expresar su amor con toda confianza. Ninguna relación puede durar mucho si la mujer y el hombre no están dispuestos a confiarse mutuamente todas sus emociones, tanto las positivas como las negativas.

No se puede proteger una relación ocultando los detalles que nos enfurecen; por el contrario, la falta de honestidad llegará a destruir la confianza de su cónyuge, y hasta su amor. Es más, las relaciones conyugales se fortalecen sólo si ambos miembros de la pareja pueden hablar abiertamente sobre todos sus sentimientos y emociones:

- **En una relación sólida, usted puede expresar cualquier sentimiento sin temor a las consecuencias que pueda traer.**

Con esto quiero decirle que es mucho más conveniente expresar una contrariedad o un disgusto en el momento en que ocurre, y no dejarlo almacenado en forma de hostilidad reprimida. En un momento determinado, todo lo que usted se haya guardado, saldrá a relucir de alguna forma, siempre negativa.

Aunque parezca paradójico, mientras más pronto usted exprese su enojo y canalice su hostilidad, menos problemas causará. La hostilidad reprimida le afectará todas las demás actividades con su cónyuge. Y, como ejemplo, analicemos esta escena típica entre dos cónyuges:

Ella: "Oye, eso que me hiciste me ha dolido mucho...". (Quiere decir: "Me hiciste daño").
El: "¿Ya te sientes mejor...?" (Quiere decir: "Lo admito").
Ella: "No sé... ¿Por qué lo hiciste?" (Quiere decir: "¿Fue a propósito?").
El: "No fue a propósito...". (Quiere decir: "Fue un accidente... o estaba de mal humor)".
Ella: "Ya me sentiré mejor". (Quiere decir: "Te perdono").
El: "Lo siento... ¿Puedo hacer algo por tí?". (Quiere decir: "¿Cómo te pudiera dar una satisfacción?").
Ella: "Sí... puedes tener más cuidado la próxima vez" (Quiere decir: "Estoy disgustada contigo... aún siento hostilidad").

Después de leer este diálogo, ¿se da cuenta de que la persona enojada no tiene que pedir perdón? La persona que ofendió es la que sí debe hacerlo. Por lo tanto, ante una situación análoga, no diga "Perdona que me enfurecí, pero...". Ninguna explicación es necesaria en situaciones de este tipo por parte del ofendido. Eso sí, sea directo, manifieste lo que siente de la forma más breve posible... ¡pero dígalo! Y asegúrese de que la otra parte admite su error y acepta su enojo. Si su cónyuge es una persona muy insegura, recuérdele que usted todavía lo ama, a pesar de su enfado.

El error más grave que puede cometer es reprimir sus propios sentimientos de hostilidad para proteger los de su cónyuge. De esta manera, usted estará duplicando su hostilidad. Es decir:

- No sólo se sentirá molesto por lo que su cónyuge le hizo, sino porque encima de eso, debe callárselo.

Y esta hostilidad reprimida puede llevarle a un resentimiento crónico que siempre está dispuesto a estallar en el momento menos oportuno. Lea, a continuación este diálogo (tan falta de amor) entre dos cónyuges:

Ella: "Ni se te ocurra comprarte esa chaqueta".
El: "¿Por qué no...? ¿Qué tiene esta chaqueta...?".
Ella: "La chaqueta no tiene nada... Le quedaría de lo mejor a alguien más delgado... pero a tí te hace lucir más gordo de lo que eres".
El: "Me imagino que ésta tampoco te gusta...?".
Ella: "No... ésa sí. Te da la soltura que necesitas alrededor del vientre".
El: "¿Por qué me haces esto?".
Ella: "¿Qué cosa...?".
El: "Decirme que me queda bien una chaqueta ancha y anticuada...".
Ella: "¿No me digas? Pues alguien que no se preocupa por nada, como tú, no debe preocuparse tampoco por su apariencia física".

La indirectas son obvias en este ejemplo de conflicto conyugal reprimido. Sin embargo, esta pareja tan belicosa pudo haber empezado sus relaciones muy bien... demasiado bien, quizás. Es decir, querían aparentar ser tan perfectos al principio que no peleaban por nada. ¿Las consecuencias? ¡Ya lo ve! La hostilidad que han reprimido por mantener una felicidad artificial, emerge finalmente y de una manera más amarga. Si desde el principio estos cónyuges hubieran sido honestos diciendo lo que les molestaba al uno del otro, no habrían llegado a esta situación tan penosa.

Tomemos otro ejemplo de la vida real: el caso de Clarisa y Carlos. Veamos cómo Clarisa reacciona cuando su esposo no la ayuda en los quehaceres de la casa, como ella espera. En esta situación, Carlos no se ha prestado a ayudarla porque ha llevado el trabajo de la oficina para la casa. Clarisa entiende que en los matrimonios modernos, todo debe ser compartido. Después de todo, ella también trabaja en la calle y aporta su salario al presupuesto familiar:

Carlos: "¿Qué tienes?".

Clarisa: "Nada".

Carlos: "Yo sé que te pasa algo... Te conozco...".

Clarisa: "¿Por qué no limpiaste la habitación, como habías quedado conmigo...?".

Carlos: "No tuve tiempo, pero veo que ya lo hiciste".

Clarisa: "Por supuesto... yo hice el tiempo para limpiar, aunque tampoco lo tenía".

Carlos: "¿Por qué no dejaste la habitación como estaba...? Yo la hubiera arreglado... más tarde o más temprano".

Clarisa: "Pero tú sabes que yo no resisto el desorden... que no puedo acostarme tranquila si veo las cosas regadas por todas partes...".

Carlos: "Sí, ya sé...".

Clarisa: "Mira Carlos, no quiero ser peleona, pero tú sabes que ésta también es mi casa. ¡Tenemos que ayudarnos mutuamente!".

Clarisa: "Está bien... Hoy te voy a llevar a cenar fuera. ¿Estoy perdonado...?".

Carlos: "Sí, pero Carlos... ¡por Dios! ¡Tienes que ayudarme!".

Carlos y Clarisa están discutiendo de una manera saludable. Carlos es bastante desordenado, y si Clarisa no le llama la atención, lo más probable es que él no se preocupe en lo más mínimo por mantener el orden en su propio hogar.

- Como ella ha expresado su disgusto (cierto nivel de hostilidad) a tiempo, con toda sinceridad, está dispuesta a olvidar y a perdonar rápidamente. Si por el contrario se hubiera callado y hubiera castigado a su esposo negándose a hablarle o a hacer el amor con él, la pareja se hubiera colocado fuera de la realidad, en un limbo sin emociones.

4 SITUACIONES DE PELIGRO... ¡CUANDO LA HOSTILIDAD SE CONVIERTE EN ARMA DE GUERRA!

En este capítulo hemos analizado cómo la hostilidad se puede reprimir o expresar en tres situaciones típicas:
(a) Dentro de la familia.
(b) Entre amigos.
(c) Entre los miembros de una pareja.

Veamos ahora otras cuatro situaciones en las que la hostilidad es aún más difícil de regular, y que también merecen atención:

1
LA HOSTILIDAD Y EL SEXO

La hostilidad reprimida puede convertir las relaciones sexuales entre los miembros de una pareja en una experiencia realmente sofocante. La cama llega a convertirse en un verdadero campo de batalla para dos egos agresivos. No hay tal pasión en este caso. La pasión es falsa, y lo que sucede es que se destapan todos los rencores y la cólera reprimida. Bajo estas circunstancias, no se puede hacer el amor... ¡Sólo se puede tener sexo!

Cuando Marta y Pedro se divorciaron —después de años de matrimonio plagados de conflictos y resentimientos— Pedro resultó ser impotente con otras mujeres que eran más dulces con él en la intimidad que Marta. Ho-rrorizado se dio cuenta de que sólo con Marta podía tener sexo. Corrió a un siquiatra, y durante su análisis surgió el problema:

- Pedro se sentía culpable si imponía sus deseos sexuales a otras mujeres.

Y es que —debido a sus relaciones sexuales con Marta— él veía el sexo como una especie de castigo, o un asalto punitivo. Como Marta era la única que despertaba en él esta pasión falsa, sólo con ella era sexualmente potente.

De la misma manera que la hostilidad puede servir de elemento inspirador para las relaciones sexuales (si bien de una forma negativa y brutal, como en el caso de Pedro) puede también apagar todo apetito sexual.

Analicemos este otro caso: Bárbara estaba enojada con su esposo, David, porque por un año estuvo desempleado; ella consideraba que si no conseguía trabajo era porque él no hacía el esfuerzo necesario. Jamás le dijo nada a David por temor a que perdiera más la confianza en sí mismo. Ahora bien, cada vez que él quería hacerle el amor, ella "se sentía cansada" o "le dolía la cabeza". Y así se enfurecía aún más con David: no solamente la estaba privando de bienes materiales sin trabajar, pero también —debido a su falta de atracción por él— de una vida sexual que la satisficiera. Una vez que Bárbara aprendió a expresar su hostilidad, la pareja logró tener de nuevo unas relaciones sexuales saludables.

- **La conclusión es que nadie puede tener unas relaciones sexuales sa-tisfactorias si está enojado o frustrado.**

Es un error hacer el amor cuando se está furioso por algo. No se lance a la cama con resentimientos hacia su cónyuge. Primeramente exprésele su hostilidad y todo lo que siente contra él en vez de utilizar el sexo como válvula de escape para sus sentimientos de venganza.

2
LA HOSTILIDAD Y LA INVASION DE NUESTRO ESPACIO PERSONAL

Todos somos animales territoriales y poseemos un gran sentido de lo que es "nuestro". No sólo reconocemos objetos materiales como propiedades personales, sino también el tiempo y el espacio. Por ello, si alguien nos roba alguna de estas posesiones tan valiosas para nosotros, enfurecemos.

Por ejemplo, Sandra se lleva el trabajo para su casa porque ha comenzado un proyecto importante con el que quiere impresionar a su jefe. Sus amigos lo saben y, sin embargo, la visitan todas las noches para robarle su tiempo. Ella quisiera que le respetaran su privacidad y la dejaran trabajar... pero no dice nada ("por educación" asegura ella). Yo le diría: sí, es importante ser educados, pero las personas también deben ser consideradas y retirarse cuando se dan cuenta de que están molestando.

- Si los amigos no tienen el sentido común necesario para darse cuenta de esto, entonces hay que expresarles abiertamente que estorban.

Lo mismo sucede en la oficina cuando un compañero nos interrumpe una y otra vez para conversar o para pedir algo prestado, sin que nos permita concentrarnos debidamente en lo que estamos haciendo. A ese tipo de persona también se le debe decir —con toda franqueza— que no nos robe nuestro tiempo.

- Es mejor enfrentarse con toda sinceridad a estas personas que violan nuestra privavidad que no permitirles que lo sigan haciendo.

Si hay quienes no se dan cuenta de que lo molestan, manifieste sus sentimientos de buena forma y antes de que su malestar reprimido se convierta en hostilidad y pueda afectar la amistad... y su salud. Un buen amigo puede tener ese defecto, y si usted no lo corrige desde el primer momento, la amistad puede irse a pique. Exprese su enojo a tiempo para que no lo acumule y acumule hasta que llegue el día en que sea demasiado tarde... ¡y estalle!

3
LA HOSTILIDAD QUE PRODUCEN LOS DESCONOCIDOS IRRITANTES

¿Ha tomado alguna vez un taxi y detectado que el chofer se pierde a propósito y se pone a dar vueltas y vueltas buscando la dirección que usted le ha dado para después cobrarle de más por el tiempo perdido...? Y, ¿qué me dice del camarero que le trae los vasos y los cubiertos sucios en el restaurante...? ¿Y de la dependienta de una tienda que no lo atiende, porque persigue a la clienta que quiere comprar un objeto más caro que el que usted ha elegido y obtener una comisión más alta? ¡Se trata de situaciones desesperantes, desde luego! Pero... ¿qué puede hacer usted en esos casos? Pues controlar debidamente estas situaciones que provocan lo que yo llamo "hostilidad intrascendente":

- Preguntarle al taxista que cómo puede conducir un taxi si no conoce la ciudad, y decirle que no le va a pagar la diferencia que pide.
- No le dé ninguna propina al camarero descuidado.

- Y márchese de la tienda sin comprar el objeto seleccionado, diciéndole a la dependienta que se retira por su falta de interés y descortesía.

4
LA HOSTILIDAD Y SU TRABAJO

Esta es una de las situaciones en la cual la hostilidad es muy peligrosa, pues si usted expresa con toda sinceridad sus sentimientos puede costarle la pérdida de su empleo.

Imagínese que se ha disgustado con el jefe... o con otro compañero de trabajo, con todos los trastornos que esto pudiera ocasionarle. En estos casos, cualquier escena que proyecte ira de su parte podría resultar comprometedora. Es mejor tratar de discutir los problemas en cuestión, de forma racional, y sin faltarle el respeto a nadie. Si usted tiene amistad con su jefe, no correría tanto riesgo al manifestar su hostilidad, aunque siempre sin olvidar la jerarquía y extremando el respeto que le debe. Claro, que si acaba de empezar a trabajar o no conoce muy bien a sus superiores, en momentos de conflicto usted debe darles información constructiva sobre su persona en vez de estallar y permitir que su hostilidad se manifieste. Por ejemplo: si le vienen gritando por los errores que haya podido haber cometido en el estado de cuentas del mes que le dieron ayer por la tarde para que lo terminara hoy, diga con la mayor dignidad del mundo, y respetuosamente: "Yo trabajo mejor sin tensiones ni ansiedades".

CONSIDERE, ADEMAS...

LA HOSTILIDAD
JUSTIFICADA

Cuando la hostilidad es inevitable, lo primero que tenemos que hacer es considerar que se trata de un sentimiento como cualquier otro... una reacción natural como todas las demás reacciones emocionales que podamos sentir ante determinados estímulos:

- Si alguien que realmente nos importa nos hiere, absorbemos cierta energía negativa que crea un desequilibrio emocional en nosotros. En esos casos, la única forma de restaurar ese equilibrio que hemos perdido es respondiendo a la ofensa recibida. De lo contrario, toda esa energía negativa se acumula en nosotros, y nos hace daño.

Por ello, la mayoría de las veces, la única reacción apropiada ante una ofensa que recibamos es sentir hostilidad. Se trata de un tipo de *hostilidad justificada,* y en esos casos debemos expresar nuestro disgusto para darle escape a la energía negativa que vamos acumulando en nuestro sistema. Es decir,

- No es saludable almacenar toda la *hostilidad justificada* dentro de nosotros, como tantas personas hacen. Para retener la hostilidad es necesario malgastar mucha energía que pudiéramos estar utilizando de otra forma más positiva. Además, si acumulamos nuestro enojo, le estamos impidiendo el paso a otros sentimientos que sí son positivos y que pudieran hacernos felices... que —en definitiva— es nuestra meta en la vida.

CUANDO LAS PERSONAS NO SABEN CANALIZAR DEBIDAMENTE LA HOSTILIDAD...

Hay personas que enfurecen y no son capaces de canalizar sus sentimientos hostiles de una forma positiva; estallan en ataques de cólera por cualquier insignificancia. Esta reacción descontrolada no es saludable ya que puede llegar a aislarnos: a nadie le complace una persona explosiva que pueda estallar a la menor provocación y dar rienda suelta a toda la hostilidad que alberga. Sin embargo, lo cierto es que estos individuos que pierden los estribos por pequeñeces son los mismos que no han dejado escapar su enojo en el momento adecuado. Es decir: han ido acumulando la hostilidad provocada por asuntos importantes, hasta que llega el momento en que la tienen que dejar escapar... ¡y por lo general lo hacen en el momento menos oportuno! Por eso es mucho más positivo darle rienda suelta a nuestra hostilidad en el momento preciso, de la forma adecuada, y sobre la persona que verdaderamente la ha provocado. En otras palabras:

- **No vierta su cólera sobre una persona inocente y ajena al verdadero problema. No es justo y sólo le puede provocar más conflictos.**

Desde luego, cuando nos enfurecemos con alguien corremos el riesgo de herir los sentimientos de esa persona... pero el daño que nos causamos si no nos desahogamos, es aún mayor. Para cubrir nuestro enojo con otros sentimientos falsos tenemos que hacer un gran esfuerzo y emplear mucha energía (no crea que es fácil mantener nuestras verdaderas emociones bajo control). Aparentamos que no estamos disgustados, que no nos importa lo que la otra persona nos ha hecho... en fin, mostramos indiferencia ante el problema, sin darnos cuenta de que esta fachada falsa con la que cubrimos nuestro enojo nos perjudica... y considerablemente. No sólo invertimos energía en reprimir nuestros verdaderos sentimientos, sino que nos encerramos cada vez más en nosotros mismos. Es como si nos vistiéramos con una coraza protectora, como si viviéramos siempre "a la defensiva". Poco a poco nos acostumbramos a no mostrar nuestras emociones ante los demás, y esto afecta sin duda nuestras relaciones con los seres con los que compartimos nuestras vidas.

¿SE PUEDEN ELIMINAR LOS RESENTIMIENTOS DEL PASADO?

Lo ideal sería siempre —como menciono en este capítulo— expresar su enojo en el momento de producirse, y no reservarse nada que pueda seguir molestándolo más tarde. Pero... ¿cómo se eliminan las famosas "heridas del pasado" que todavía duelen? Por ejemplo: el jefe que lo despidió injustamente sin permitir que usted se defendiera; el hombre que la dejó cruelmente por otra, pero a quien usted nunca le hizo reproche alguno por ello... Lamentablemente, las heridas del pasado no se cierran si no canalizamos la hostilidad que sentimos. Si ya es muy tarde para tomar acción y decirle a la persona que lo ofendió lo que usted opina de ella, o si no es posible para dar libre curso a su hostilidad, trate alguna de estas soluciones:

- Escriba una carta dirigida a la persona que lo enfureció, y exponga todo lo que siente... pero no la envíe. O envíela... ¡Qué más da! Después de todo, se trata de su salud mental. Y en esa carta, sea todo lo explícito y agresivo que quiera.
- Consígase a alguien ajeno al problema archivado para que lo escuche y desahogue con esa persona la cólera que lo ha venido irritando por algún tiempo.
- También le puede decir a su amigo que se convierta en actor por un rato y desempeñe el papel de la persona que lo ofendió, para que usted pueda descargar sobre él su hostilidad... como si fuera su verdadero ofensor.
- Vea a un siquiatra. Hay casos en que la hostilidad acumulada es tan profunda que solamente un profesional puede ayudar, aplicándole el tratamiento que considere más apropiado para usted.

Lo importante es que usted aprenda a expresar manifestar su hostilidad. Si quiere que las personas a su alrededor lo respeten y consideren, no permita que abusen de usted y que hieran sus sentimientos constantemente. ¡Defiándase! Exprese lo que quiera, y comprobará que serán más los que lo entenderán y respetarán como usted se merece. ¿Y de los que se ofendan por manifestar la hostilidad que alberga...? ¡Ni se preocupe! Porque realmente no valen la pena. ¡Peor para ellos!

CAPITULO 14

LA PERSONALIDAD NEUROTICA:
¿QUE HACER CUANDO DETECTAMOS LOS SINTOMAS?

Todos, en algún momento de nuestras vidas, hemos experimentado agresividad, depresión, ansiedad, pensamientos autodestructivos y obsesivos... No obstante, eso no quiere decir que seamos neuróticos. Es normal que el ser humano responda con cualquiera de estos sentimientos a los distintos estímulos que percibimos a diario. Pero lo que no es normal es que cualquiera de ellos llegue a influir tanto en nuestro comportamiento que no podamos liberarnos de su presencia, y que hasta llegue a impedirnos que desarrollemos positivamente nuestras funciones habituales.

Todos los hombres y mujeres de esta generación están expuestos a las neurosis. Se vive tan de prisa y son tantas las presiones a las que estamos sometidos, que hay que tener mucho equilibrio y un gran balance emocional para no ser atrapados por situaciones de neurosis. Sin embargo, para contrarrestar éstas, debemos crear nuestros propios mecanismos de protección que nos permitan defendernos de los estímulos que constantemente nos golpean, porque sólo así lograremos impedir la entrada a nuestra mente de los pensamientos neuróticos, así como a cualquier otro trastorno relacionado con el complejo sistema nervioso.

¡RECONOZCA CUALES SON LAS SEÑALES DE PELIGRO!

Las neurosis —como todos los desórdenes de origen síquico— además de los síntomas que pudieran confundirse con trastornos orgánicos, aparecen casi siempre acompañadas de otras manifestaciones que son más sutiles pero que, sin embargo, no deben ser aceptadas como patrones de conducta normales. Entre ellas:

- La presencia de un problema que ocupa la mente repetidamente, sin que se le pueda encontrar una solución al mismo.
- El malestar que producen sus acciones entre las personas que lo rodean, sin que usted haga algo por modificar su conducta... a pesar de que ellos le señalan los motivos.
- El hecho de que usted no pueda librarse de un pensamiento que lo obsesiona y que en realidad no tiene mayor gravedad (una pelea que sostuvo con su cónyuge, por ejemplo, una discusión con un vecino, etc.).
- El aumento significativo en alguno de sus hábitos, como por ejemplo: exceso en las comidas, en los gastos, tendencia a conducir a alta velocidad... en fin, cualquier acto que vaya más allá de los límites de lo que podría ser considerado normal.
- Sentirse deprimido frecuentemente, sin que usted pueda darse cuenta de cuáles son los motivos que provocan ese estado.
- Cambios significativos del carácter en un lapso corto de tiempo. Este es el caso de las personas que prácticamente pasan de la risa al llanto con una facilidad asombrosa.

No obstante, el síntoma más delatador de las neurosis es la falta de voluntad y de esperanzas en el futuro. Después de esa primera fase, se produce la autodestrucción, ya que la persona afectada estima que no merece la pena que nadie trate de ayudarla, y mucho menos que se invierta dinero en un tratamiento con el que está segura que no mejorará su condición. Casi siempre, acompañando a estas conclusiones, aparecen hábitos que anteriormente no existían: afición al alcohol, a los tranquilizantes, a los estimulantes, así como un cambio total de estilo de vida.

El comer en exceso también puede ser un aviso de que "algo" no está funcionando bien en su salud emocional. Cada día, más y más personas se refugian en la comida tratando de no enfrentarse a un problema determinado que las amenaza. Mientras más tensas se sienten o mayor es el nivel de ansiedad que padecen, mayores son las cantidades de alimentos que ingieren. Precisamente, de esa falsa solución han surgido dos enfermedades (relacionadas con la alimentación) que hasta pueden llegar a causar la muerte: la anorexia nerviosa y la bulimia. La primera consiste en un rechazo total hacia la comida; la segunda se manifiesta con un apetito insaciable que lleva a quien la padece a comer en cantidades anormales (más tarde, para librarse del complejo de culpa que la invade, se induce el vómito).

Mientras que estas señales puedan ser reconocidas por quien las padece como algo anormal que le está sucediendo, la situación no se puede considerar tan grave. Pero si llega el momento en que el neurótico no es capaz de darse cuenta de que su conducta no es igual a la del resto de sus semejantes, estamos frente a otro trastorno del sistema nervioso mucho más grave y peligroso: la sicosis, cuya curación necesita de tratamientos especializados que generalmente requieren que el paciente sea internado en un centro de rehabilitación.

¿QUE SE PUEDE HACER PARA CONTROLAR LAS NEUROSIS?

A pesar de que cada día en nuestra vida cotidiana nos tropezamos con más personas neuróticas, el trastorno en sí puede ser erradicado completamente si ponemos empeño y una gran voluntad. Para lograrlo, siga estas recomendaciones:

- **Imagínese que usted es una persona feliz.** No importa cuán deprimido usted se sienta, piense que es el ser humano más feliz que existe en el mundo. Cree —aunque sólo sea en su mente— las situaciones que más le agradaría protagonizar: su pareja proporcio-nándole el amor en las dosis que usted requiere, un jefe que reconozca sus méritos y que así se lo haga saber a todos los que forman parte de la empresa, un viaje trasatlántico en la compañía de su familia, etc.

- **No permita que los demás abusen de usted.** La persona que sufre de una neurosis tiene tendencia a demostrar inferioridad para despertar compasión en los demás. Pero sucede que esa lástima se convierte en un arma que les da poder a sus supuestos amigos. Como saben que usted no va a protestar cuando ellos tomen ventaja en diferentes situaciones, van a convertirlo en una especie de alfombra por donde puedan caminar libremente. Llénese de amor propio y deténgalos, de una vez y por todas. Mantenga esa actitud hasta que todos se convenzan de que usted no es tán fácil de manipular.

- **No se flagele mentalmente.** Los pensamientos negativos suelen acomo-darse en la mente de los neuróticos con muy pocos deseos de moverse de donde están. Si usted los alimenta con sus recriminaciones y sus auto-castigos, allí quedarán indefinidamente. ¿Cómo puede combatirlos?

- **(1)** Describa en un papel la situación que lo está atormentando. **(2)** Analícela y critique todos los puntos que pueda reconocer como absurdos. **(3)** Sustituya esas ideas por otras completamente opuestas, pero con enfoques positivos.
- **Finalmente, pregúntese qué acciones deshonestas ha cometido (si existieran), y considere si el castigo que se está aplicando es desproporcionado a su gravedad.** Haga una lista de lo que usted considera como hechos negativos realizados por usted. Después, piense que los ha cometido otra persona. ¿Sería capaz de juzgarla tan severamente como se juzga a sí mismo? ¡Seguramente no! Entonces, levántese del banquillo de los acusados, porque esas luchas mentales conducen a la neurosis.

CONSIDERE, ADEMAS...

¿CUAL ES LA CAUSA DE LAS NEUROSIS?

Podríamos precipitarnos y culpar al ritmo de vida actual de todos estos trastornos de la personalidad que con frecuencia pueden llegar a afectarnos. Y aunque es cierto que las tensiones derivadas de la dinámica de la vida pueden influir en estas anomalías sicológicas, no son necesariamente las responsables totales. Por ello, es preciso mencionar —entre las principales causas de las neurosis— las experiencias traumáticas sufridas en la niñez y en la adolescencia.

Consideremos que cada persona tiene una capacidad diferente para asimilar los problemas que, más o menos, son comunes a todos (la pérdida de un ser querido, un fracaso en los estudios, poco éxito en las relaciones sentimentales, etc.). Ahora bien, de acuerdo con la actividad y sensibilidad de su sistema nervioso y de los centros cerebrales relacionados con la emoción, estos factores pueden o no desarrollar trastornos.

Con frecuencia los síntomas de las neurosis son confundidos con aquéllos que delatan un problema orgánico... y son los siguientes:

- Fuertes palpitaciones en el corazón.
- Sudores fríos.
- Mareos.
- Fatiga recurrente.
- Dificultad en concentrar la atención.

En ocasiones, la forma de hablar o de caminar de una persona revela el deterioro de su salud síquica. Sus movimientos, gestos y palabras, adoptan una lentitud considerable; el apetito disminuye (o aumenta); y los deseos de sostener relaciones sexuales casi desaparecen. A veces —conjuntamente con todas estas evidencias— surgen también los problemas físicos. Por ejemplo, se han podido diagnosticar casos de alergias muy severas en determinadas áreas del cuerpo, las cuales también tienen una significado sicológico (el dedo donde se lleva el anillo matrimonial, por mencionar una de ellas).

SI NO PUEDE CONTROLAR SU NEUROSIS, BUSQUE AYUDA PROFESIONAL

Las neurosis, en su fase inicial, pueden ser controladas (y hasta eliminadas) por el mismo paciente. Sin embargo, si la situación va tomando características más serias, es indispensable acudir al consultorio de un siquiatra o sicólogo en busca de ayuda y orientación profesional. No deben existir reservas para hablar ampliamente del caso con el especialista, ya que él es el único que puede llevarnos a encontrar cuáles son los motivos que han dado lugar a este trastorno emocional que está afectando nuestra vida diaria. No obstante, como estos tratamientos resultan costosos, algunos pacientes no pueden someterse a los mismos. Afortunadamente, en casi todas las ciudades existen clínicas que prestan servicios de este tipo gratuitamente. Búsquelas.

CAPITULO 15

¿DEPRESION?
¡IDENTIFIQUELA Y OBENGA AYUDA!

La depresión finalmente ha sido calificada por los científicos como "una enfermedad peligrosa". Lamentablemente, son millones de personas las que padecen de estados depresivos en la actualidad, al punto de que se considera que la depresión es una de las enfermedades más difundidas en todo el mundo. Afortunadamente, hoy puede ser tratada por medio de medicamentos y con el esfuerzo del propio paciente para identificar que está enfermo y que requiere ayuda profesional... y en la inmensa mayoría de los casos, ¡puede ser curada!

Al comenzar este capítulo es importante que aclare al lector que los estados depresivos no siempre pueden ser curados por el propio paciente (como muchos creen). Ahora bien, usted puede continuar siendo SU PROPIO SIQUIATRA al identificar los síntomas de esta condición, que se disfraza de tantos síntomas diferentes. Veamos:

- **Marla Q.** es una joven de 25 años a quien todos los que la conocen, envidian... por su belleza, por su inteligencia, por el triunfo que ha alcanzado en su profesión como Diseñadora Gráfica en una importante agencia de Publicidad capitalina. Lo que pocos conocen es que Marla sufre una forma de depresión que tiene el nombre de *condición maníaco-depresiva*. En determinados momentos, se muestra eufórica, brillante, jovial. es en esos períodos cuando concibe elementos diferentes para incorporar a importantes campañas publicitarias que producen ingresos considerables para los clientes de la Agencia para la cual trabaja. Otras veces, Marla se muestra irritable, apenas quiere hablar con sus compañeros, y su producción creativa es prácticamente nula. Muchos atribuyen estos rasgos de su personalidad a su temperamento; es decir, "como Marla es una mujer altamente creativa, es normal que sea temperamental". La realidad es que en esas etapas de depresión, Marla es una mujer terriblemente infeliz; inclusive ha pensado en el suicidio en varias oportunidades, y no es de extrañar que en algún momento recurra a esa solución extrema para escapar de la infelicidad que la embarga. Lo más terrible es que Marla reconoce que algo no funciona debidamente en sus emociones; es decir, tiene la inteligencia necesaria para comprender que necesita ayuda siquiátrica, pero —por algún motivo que es más poderoso que ella misma— se niega a obtenerla.

- **Octavio P.** es Asistente de Contabilidad, y ésta es la sexta empresa para la cual trabaja en un período relativamente corto de tiempo. Hace dos años que se divorció (después de cuatro años de matrimonio), y aún no se ha recuperado del impacto que le produjo el tener que separarse repentinamente de su esposa (ésta fue la que le planteó el divorcio). A partir de ese momento, Octavio ha aumentado de peso en una forma considerable. Padece de un estado de somnolencia constante, y en los fines de semana, apenas quiere salir del apartamento donde vive, mirando (sin ver) un aparato de televisión... ningún programa parece interesarle lo suficiente como para captar su atención. Si ha tenido que cambiar de trabajo con tanta frecuencia es porque se ha vuelto un individuo que todos califican de "intolerable"; es decir, no acepta ningún tipo de comentario sobre la labor que realiza... ni siquiera de sus jefes. Y con frecuencia comete errores que después se niega a reconocer. No, no ha considerado el suicidio como alternativa a su problema, pero la realidad es que la vida no le interesa mayormente. Un amigo supo identificar en él los síntomas de una depresión crónica y le sugirió que obtuviera ayuda profesional. Octavio está considerando esta posibilidad, pero le falta la motivación para hacerlo. Si llega a obtener orientación sicológica, lo más probable es que logre escapar del estado en el que él mismo se ha sumido desde su divorcio.

Todos nos hemos sentido profundamente deprimidos en algún momento de nuestras vidas... el fallecimiento de un ser querido, la inestabilidad que siempre provoca un cambio de trabajo, una frustración sentimental, un divorcio, una enfermedad, una pérdida económica. Son múltiples las causas que pueden motivar un estado de tristeza en el ser humano. Sin embargo, cuando esa condición persiste por más tiempo del que pudiéramos considerar prudencial —o, peor aún, si continúa después de resolver la situación que la desencadenó... o si esa tristeza y estado de inconformidad con todo se presentan sin motivo aparente alguno— entonces estamos en presencia de una situación verdaderamente alarmante, una condición que no solamente pone en peligro nuestra salud, sino nuestro equilibrio mental y nuestra vida en general: LA DEPRESION, así, con mayúsculas. Además, los estados depresivos crean situaciones complicadas, no sólo para quienes los sufren, sino para las personas que rodean al individuo deprimido.

No hay duda que la depresión es una condición sumamente seria, y que en ningún momento debe ser tratada a la ligera. La frase que con frecuencia escuchamos, "Está enfermo de los nervios, y ya se recuperará..." no solamente es una inexactitud sobre una realidad científica, sino que denota un desconocimiento total de lo que es la depresión nerviosa, y una lamentable falta de sensibilidad.

¿QUE ES LA DEPRESION?

La palabra *depresión* suele confundir, ya que también muchas personas la emplean para señalar reacciones emocionales que en verdad son normales. En un período de dificultades, con frecuencia decimos que "estamos deprimidos". Sin embargo, el tipo de depresión que vamos a analizar en este capítulo es mucho más grave que ese estado temporal, casi siempre breve; se trata del resultado de la interacción de factores bioquímicos, genéticos y sicológicos que —combinados muchas veces con ciertas circunstancias adversas que nos presenta la vida— crean un conjunto de síntomas que son fácilmente identificables.

"Hasta no hace muchos años se pensaba que la depresión era un estado del cual se podía escapar simplemente empleando la famosa fuerza de voluntad que se supone que todos tengamos en mayor o menor grado", apunta el **Doctor Howard Horwath**, Director de la *Unidad de Cuidados Intensivos del Instituto Siquiátrico de Nueva York* (Estados Unidos). "Hoy en día sabemos mucho más acerca de la depresión, y la tendencia científica es a considerarla como una enfermedad peligrosa que necesita tratamiento inmediato; es decir, en la inmensa mayoría de los casos, el individuo no puede curarse por sí mismo, aunque su cooperación para emerger del estado depresivo es fundamental".

En efecto, son varios los factores que pueden desencadenar un estado depresivo y superarlo casi siempre requiere la orientación profesional. Están, desde luego, las causas ya mencionadas, pero existen otros factores que pueden originar un estado depresivo: desde los sociales y culturales, hasta los sexuales. Por ejemplo, consideremos

- El caso de una persona que quiere triunfar en todo en lo que emprende en la vida, y que en un momento determinado fracasa.
- el individuo que se enfrenta a una condición de impotencia sexual, la cual no le permite ser plenamente feliz en la intimidad.
- la persona que está acostumbrada a ser centro de atracción, y que en determinadas circunstancias se siente rechazada...

Lo más probable es que los individuos de estos tres ejemplos se sientan deprimidos... y el grado de su depresión dependerá, igualmente, de muchos otros elementos en su personalidad.

Afortunadamente, en estos momentos existe toda una gama de tratamientos a la disposición de los pacientes que sufren de depresión, los cuales no solamente les ayudan a superar la crisis depresiva que los embarga, sino a mejorar notablemente en lo que se refiere a su estado emocional. Estos tratamientos combinan el empleo de medicamentos antidepresivos (actualmente existen más de veinte medicamentos de este tipo, con efectos secundarios menos intensos que los que provocaban los tradicionales que se han venido empleando hasta recientemente) y, por supuesto, la orientación personal de un consejero profesional calificado: un Siquiatra o un Sicólogo, preferiblemente.

Pero, además, hoy en día la llamada Sicología Cognitiva enseña a los pacientes que experimentan estados depresivos la manera adecuada de manejar su condición, y a emerger de ella; es decir, la Sicología Cognitiva ubica la enfermedad dentro de distintos parámetros, y recomienda los tratamientos alternativos adecuados. Por ejemplo, el ejercicio físico es una actividad que ayuda extraordinariamente al paciente de depresión debido a los cambios hormonales que la actividad física provoca en su organismo... En realidad lo difícil es conseguir que el paciente deprimido decida ayudarse a sí mismo a emerger de los estragos de la depresión, y éste es el caso de Marla, nuestro ejemplo inicial.

Los tratamientos alternos para combatir la depresión cada día son más extensos y efectivos. Por ejemplo, se ha comprobado que muchas personas se deprimen profundamente durante el invierno, cuando los días son más cortos y oscuros que durante otras estaciones del año. Estos pacientes, al ser expuestos durante algunas horas al día a la luz artificial, logran superar considerablemente sus estados depresivos. Y en casos extremos (como pacientes que consideran obsesivamente la posibilidad del suicidio, por ejemplo), inclusive se recurre a la llamada "terapia convulsiva" (o de electrochoques), que fue muy empleada en los años cincuenta y que actualmente ha sido reconsiderada por los especialistas como un método efectivo para aliviar los estados depresivos cuando los demás tratamientos no parecen tener el éxito que se espera de ellos. En general, y según las estadísticas del Instituto Nacional de la Salud Mental de los Estados Unidos:

- Entre un 80% y un 90% de los pacientes afectados por la depresión pueden encontrar alivio a su condición, experimentar mejoría... y muchos inclusive logran curarse de estos estados depresivos.

Se estima que la depresión es, actualmente, una de las enfermedades más difundidas en todo el mundo, al punto de que millones y millones de personas padecen de estados depresivos en estos momentos. Es más:

- Se considera que la mayoría de los seres humanos atravesarán por algún período depresivo en determinados momentos de sus vidas... y, lamentablemente, no todos lograrán emerger de los mismos con la misma facilidad.

Pero existen, también, otros millones de individuos que se hallan afectados por una forma singular de depresión: la llamada "distimia", que no es tan aguda como la depresión en sí, pero que puede volverse un estado crónico en el paciente, el cual siempre se está quejando de la vida y de sus injusticias, con sentimientos de frustración, mal humor y tristeza (estas personas convierten sus vidas en una verdadera pesadilla). Y, por supuesto, otra forma de la depresión es la conocida como "desorden bipolar" (o "condición maníaco-depresiva"), en la que los pacientes atraviesan por períodos de gran euforia, seguidos por otros de tristeza y melancolía intensa, con unos altibajos desconcertantes.

HAY MOMENTOS EN QUE
LA DEPRESION PUEDE VOLVERSE
UN ESTADO PELIGROSO...

Un estado depresivo causado por una situación específica puede crear los síntomas de la depresión, sin que el paciente esté realmente enfermo. Por ejemplo:

- La muerte de un ser querido, un rompimiento amoroso, o cualquier otro motivo similar, crea varios días (y hasta semanas) de dolor intenso... y depresión. Esta es una depresión que puede considerarse normal.

- Sin embargo, cuando la situación se agrava y el paciente no hace ningún esfuerzo por salir de ella, entonces la condición está yendo más allá de los parámetros considerados como normales para el dolor causado por una pérdida, ausencia o decepción amorosa. Esta es la "depresión patológica", la cual puede llegar a ser un estado peligroso en el que el individuo inclusive se vuelve vulnerable en lo que a su seguridad física se refiere, porque puede atentar contra su vida misma.

Aunque resulte paradójico, muchos pacientes han logrado utilizar su *depresión patológica* para crear obras de arte formidables, escribir obras literarias de trascendencia universal. El caso del formidable escritor norteamericano Ernest Hemingway constituye un magnífico ejemplo: Hemingway era un individuo maníaco-depresivo, y se encerraba en un mundo interno para escribir, en el cual no permitía que nadie (ni siquiera sus seres más allegados) pudieran penetrar. Ocasionalmente se mostraba de un humor estupendo; otras veces, se volvía un individuo francamente insoportable, y muchos de sus allegados así lo confirman hoy día.

"Se supone que el grado de depresión bipolar entre los artistas y escritores es superior al del resto de los individuos que sufren de depresión", comenta el **Sicólogo Ray Redfield** (de la *Universidad Johns Hopkins).* "Mientras estas personas atraviesan la fase depresiva maníaca, su sistema nervioso está muy agitado, en su mente fluyen todo tipo de ideas, y su nivel de vitalidad es extremadamente alto... Si tienen manera de expresar su depresión de una forma creativa, surgen entonces obras que pueden llegar a ser verdaderamente impresionantes". Lamentablemente, cuando la depresión no se atiende a tiempo, el paciente comienza a consumir alcohol y píldoras de todo tipo (para dormir, para sedarse, para la digestión, etc.) y en muchos otros casos recurre inclusive a los estupefacientes. Por supuesto, si el estado se agrava, puede suicidarse... y esto fue, precisamente, lo que hizo Ernest Hemingway.

¡LOS DESBALANCES BIOQUIMICOS SON CASI SIEMPRE RESPONSABLES DE LOS ESTADOS DEPRESIVOS!

Los estudios más recientes realizados sobre la depresión indican que la mayoría de los pacientes que sufren de este trastorno muestran, a su vez, un gran desequilibrio en sus neurotrasmisores; o sea, las sustancias naturales que son producidas en el cerebro y que permiten la comunicación entre las células nerviosas (las llamadas *neuronas)*. Dos de los principales neurotrasmisores involucrados en los procesos depresivos son la *serotonina* y la *norepinefrina.* Los científicos consideran que:

- La deficiencia de *serotonina* en el organismo causa problemas de insomnio, irritabilidad y ansiedad, síntomas todos éstos asociados con la depresión;
- al mismo tiempo, cuando disminuye en el cuerpo el nivel de *norepinefrina* (que regula la actividad del individuo... el estar despierto, por así decirlo) se manifiesta la fatiga, el cansancio, los pocos deseos de hacer las cosas.

Pero además de estas dos sustancias, existen otras hormonas (como el *cortisol)* que también inciden en los estados depresivos del ser humano. No podemos olvidar que los mecanismos bioquímicos reguladores de nuestro cuerpo funcionan de una manera muy estrecha, interactuando los unos con los otros.

También deben considerarse los factores genéticos como causantes de la depresión. En el caso de gemelos idénticos sometidos a estudios por los especialistas, por ejemplo, se ha detectado que si uno de ellos sufre de estados depresivos, existe hasta un 70% de probabilidades de que el otro también sufra de depresión. Las familias con un historial de depresión igualmente muestran una propensión mayor a desarrollar esta enfermedad. Por supuesto, aún es mucho lo que falta conocer sobre esta condición que sólo recientemente es que ha sido definida como enfermedad... pero los logros alcanzados en esta dirección durante los últimos años son alentadores, sobre todo dentro de la percepción del público en general.

En la actualidad ya la depresión no es considerada como algo bochornoso, sino como el síntoma de una enfermedad peligrosa que requiere tratamiento (médico y siquiátrico) a la brevedad posible. Casi todo el mundo está consciente de los estragos que esta enfermedad altamente destructiva puede provocar en el ser humano, y una inmensa mayoría de las personas también sabe que, afortunadamente, se trata de una condición tratable... ¡y curable!

Como me expresara recientemente un paciente que durante años había sufrido en silencio su depresión: "Una vez que me admití a mí mismo que todos mis problemas se debían a que me hallaba deprimido, sentí un gran alivio... y en ese mismo instante comenzó el proceso de mi curación".

¿PADECE USTED
DE DEPRESION?

La depresión se presenta con síntomas muy precisos. A continuación usted tendrá la oportunidad de determinar hasta qué punto se encuentra próximo a caer en un período depresivo; de ser así, determine qué grado de depresión puede estar padeciendo (o llegar a sufrir). Este breve cuestionario le ayudará. Coloque a la derecha de cada afirmación los puntos que correspondan a su estado actual:

- 0 para indicar que no tiene ese síntoma.
- 1 indica que algunas veces lo siente.
- 2 señala que este síntoma se manifiesta en usted moderadamente.
- 3 indica que padece de este síntoma con mucha frecuencia.

Afirmaciones:
- Sensación de tristeza, sin que exista un motivo aparente.
- Falta de confianza en el futuro.
- Un pobre concepto de sí mismo; es decir, el nivel de auto-estimación se halla por los suelos.
- Sentimientos de inferioridad; a veces siente que es "menos" que los demás.
- Indecisión; es decir, le cuesta trabajo tomar decisiones, concentrarse en la realización de un trabajo determinado.
- Irritabilidad; se enoja por cualquier motivo que posiblemente no tenga mayor importancia.
- Muestra falta de interés en la vida, en la familia, en las cosas diarias... el trabajo, por ejemplo.
- Le falta motivación para todo... Le cuesta trabajo hacer las cosas cotidianas, no siente deseos ni muestra la voluntad para "salir adelante" en la vida.
- Hace cambios en sus hábitos alimenticios; por ejemplo, en momentos puede perder completamente el apetito... o puede comer desesperadamente.

- Se presentan cambios frecuentes en los patrones del sueño: insomnio, dificultad para conciliar el sueño... o, por el contrario, deseos intensos de dormir durante el día.
- No muestra mayor interés por el sexo, a pesar de que antes se consideraba una persona con un nivel normal de sexualidad.
- Se preocupa exageradamente por su salud; considera que tiene todo tipo de enfermedades y dolencias.
- En algunos momentos, ha considerado la posibilidad de suicidarse.

Sume ahora los puntos que ha obtenido,
y compruebe los resultados en la siguiente escala

- **De 0 a 4 puntos:** No, usted no presenta un estado depresivo. Si existiera, sería en un grado casi imperceptible. No tiene por qué preocuparse mayormente.
- **Entre 5 y 10 puntos:** se encuentra en la línea divisoria entre el equilibrio emocional y ser víctima de un posible estado depresivo... aunque aún no tiene declarada la depresión.
- **Entre 11 y 20 puntos:** usted padece de una depresión ligera; la misma debe ser atendida por el especialista.
- **Entre 31 y 45 puntos:** su nivel de depresión es severa. Es más, si en algún momento ha considerado la posibilidad del suicidio ("para escapar a sus problemas", por ejemplo), debe consultar inmediatamente a un Siquiatra o Consejero profesional calificado.

CONSIDERE, ADEMAS...

¿HAY MAS MUJERES DEPRIMIDAS QUE HOMBRES....?

Según las estadísticas de la **Organización Mundial de la Salud (OMS)**, la depresión ataca más a las mujeres que a los hombres. La pubertad parece ser la línea divisoria en este sentido, ya que antes de llegar a la adolescencia, la depresión afecta lo mismo a los varones que a las niñas... después, incide más sobre éstas.

En un estudio reciente realizado por la **Universidad Johns Hopkins** (Baltimore, Maryland; Estados Unidos), el **Doctor Alan Romanoski**, Siquiatra de esa institución, ha detectado que "las mujeres sufren ataques de depresión moderada con una frecuencia diez veces mayor que los hombres". Las causas de esta realidad parecen estar asociadas con factores sicológicos, desbalances hormonales, cuestiones económicas, y otros factores similares.

Lamentablemente para las personas que sufren de esta enfermedad, lo más difícil para iniciar el proceso de recuperación consiste, precisamente, en hacerles comprender que necesitan ayuda profesional inmediata, y lograr que comiencen el tratamiento con el especialista. La mayoría de los pacientes deprimidos no quieren aceptar la realidad; muchos inclusive se niegan a admitir que están deprimidos... aunque los síntomas de la condición sean ya evidentes. "Muchas personas sufren de esta grave crisis de depresión y ni siquiera se atreven a ir a un médico", expresa el **Doctor A. John Rush**, del **Centro Médico de la Universidad de Texas** (Dallas, Estados Unidos). Y precisamente para clarificar un poco el panorama con respecto a lo que es la depresión (y sus síntomas) el **Departamento de Salud de los Estados Unidos** ha publicado recientemente una serie de normas encaminadas a orientar a los médicos en las salas de emergencia de los hospitales, a los estudiantes e Internos de Medicina, y a los trabajadores de la salud en general, sobre las causas, síntomas y efectos de la depresión; a considerarla como una verdadera enfermedad; y a no tomarla a la ligera.

¡SE LOGRA IDENTIFICAR (Y FOTOGRAFIAR) EL AREA DEL CEREBRO DONDE RADICAN LOS ESTADOS DEPRESIVOS!

El Doctor Wayne Drevets es un científico que trabaja actualmente para la **Universidad de Washington** (en St. Louis, Missouri; Estados Unidos), y que de repente ha saltado al primer plano internacional al comprobar —en una serie de experimentos llevados a cabo por el grupo de especialistas que él dirige— que una porción del cerebro en los pacientes que habitualmente sufren de estados depresivos es significativamente menor y menos activa que en aquéllos que no padecen de esta condición.

El Dr. Drevets ha logrado fotografiar la mente deprimida, el sitio donde se aloja la melancolía en el ser humano, el cual se encuentra en un punto determinado de la materia gris del cerebro (la llamada *corteza subgenual prefrontal).* Se trata de un nódulo muy pequeño, que se encuentra a pocos centímetros del puente de la nariz, y aunque inicialmente estas comprobaciones fueron dadas a conocer en la revista científica **Nature**, la importancia de sus investigaciones ha sorprendido a la comunidad científica internacional y despertado la curiosidad de millones de personas en todo el mundo, especialmente aquéllas que sufren periódicamente de etapas depresivas, las cuales finalmente encuentran una justificación física para un problema que hasta el presente ha sido tratado únicamente desde el punto de vista emocional.

El Dr. Drevets estima que en los individuos dados a la depresión, el nódulo en la corteza subgenual prefrontal es entre un 40% y un 50% más pequeña, una situación que es hereditaria. Si bien otros científicos habían mencionado con anterioridad que en esta sección del cerebro se producían fenómenos importantes en el control de las emociones, ha sido el Dr. Drevets quien ha identificado que es en ella donde radica la melancolía paralizante que experimentan algunas personas, o la euforia incontrolable de los pacientes que sufren de la condición maníaco-depresiva.

MEDICAMENTOS QUE SE EMPLEAN ACTUALMENTE PARA COMBATIR LA DEPRESION

La efectividad de un tratamiento a base de medicamentos para la depresión depende de la dosis, la frecuencia y la persistencia con que sea administrado... pero —¡y esto es fundamental!— el paciente debe estar en todo momento bajo la supervisión del médico. Es decir, nunca se auto-recete. Hay medicamentos que si bien pueden ayudar a ciertas personas en determinados momentos, pueden igualmente perjudicar a otras. Generalmente las pastillas antidepresivas que sean recetadas por el médico comienzan a mostrar resultados positivos visibles después de tres o seis semanas de iniciado el tratamiento; no se puede esperar que se produzcan "resultados mágicos" de la noche a la mañana, por supuesto.

Por lo general los médicos prescriben alguno de estos tipos principales de medicamentos:

- Heterocíclicos y bloqueadores de serotonina... cuando los síntomas predominantes en el paciente son —principalmente— insomnio, fatiga, sentimientos de culpabilidad, pérdida del apetito.
- Inhibidores MAO (de monoamina oxidasa)... cuando los estados de somnolencia son frecuentes, así como las ansiedades, las fobias y los síntomas obsesivos compulsivos.
- Litio, para depresiones con características maníaco-depresivas.

En general, lo que se trata de lograr mediante estos tratamientos a base de medicamentos es permitir que el paciente recupere la energía necesaria para que vuelva a obtener el control de su vida, el cual —evidentemente— ha perdido debido a sus estados depresivos.

Sin embargo, los profesionales advierten que estos medicamentos antidepresivos no deben ser considerados en ningún momento píldoras de la felicidad (lo cual sucede con alguna frecuencia). Se trata de drogas poderosas que pueden causar efectos secundarios: resequedad en la boca, visión nublada, baja presión arterial, y muchos otros trastornos. Por ello, siempre deben ser administrados por el médico, quien en todo momento mantendrá bajo estricta observación al paciente.

¿COMO ENCONTRAR AYUDA PARA CONTROLAR SU DEPRESION?

- **Vea a su médico.** Algunos desórdenes (como la enfermedad de la glándula tiroides, por ejemplo) pueden causar síntomas que imitan la depresión. Por lo tanto, si considera que se siente deprimido, su primer paso debe ser someterse a un examen físico completo para comprobar si realmente es víctima de la depresión. Si su médico le sugiere tomar un medicamento antidepresivo, considere consultar antes a un sicoterapeuta para explorar las causas.
- **Haga cambios en su estilo de vida.** Haga ejercicios físicos, practique técnicas para el control del estrés, y estreche sus vínculos con sus amigos y familiares más cercanos. Todas estas medidas pueden ayudar a mejorar una situación de depresión ligera. Considere siempre

que los síntomas persistentes y más profundos requieren ayuda profesional.

- **Considere la terapia hablada.** Un amigo en el que usted confía, su médico, y hasta el pastor de su parroquia pueden referirle a un Sicólogo, Siquiatra, o trabajador social capacitado para orientarle con respecto al estado depresivo que le está afectando. Los tipos más frecuentes de terapia incluyen la terapia interpersonal (que se concentra en resolver los conflictos de relaciones), la terapia cognitiva (cuyo objetivo es corregir el comportamiento negativo y patrones de pensamiento), y la terapia sicodinámica (que explora deseos e intereses escondidos). Casi siempre, unas pocas sesiones pueden resultar muy beneficiosas y le ayudarán a desarrollar una serie de técnicas para lidiar en el futuro con problemas relacionados con la depresión.

CAPITULO 16

¿LO ESTA ENFERMANDO
EL ESTRES?
¡IDENTIFIQUE LAS SITUACIONES...
Y CONTROLELAS!

Todas las investigaciones científicas que se han realizado hasta el presente revelan que los estados de tensión y ansiedad (es decir, la condición que conocemos como **ESTRES**) no sólo nos afectan síquicamente, sino que contribuyen a desarrollar enfermedades para las cuales a veces no encontramos una causa. Controle el estrés... ¡y prolongue sus años de vida!

Todo en la vida de **Vilma F.** parecía marchar de maravillas. No sólo se había casado con su novio de siempre, sino que sus relaciones conyugales eran perfectas, ideales... tal como las había soñado. En el aspecto profesional, recientemente había recibido una promoción importante en su trabajo; mayores responsabilidades, pero también una considerable compensación económica. A pesar de lo ocupada que siempre estaba, Vilma no podía ser más feliz... hasta que una mañana se despertó con un fuerte dolor en el cuello y la mandíbula, tan severo que apenas podía abrir la boca. Como unos pocos días después el dolor desapareció con la ayuda de analgésicos comunes, Vilma no le prestó mayor atención al incidente, considerando que debió haber sido "solamente una infección menor en los oídos". Sin embargo, cuando unos meses después el dolor volvió a atacarla, inesperadamente, decidió visitar a un especialista. El diagnóstico fue extraño y sorprendente: desorden de la articulación temporomandibular, una condición que frecuentemente resulta del hábito de apretar los dientes... un reflejo inconsciente que casi siempre es causado por el estrés al que la persona esté sometida.

La situación de Vilma (hoy bajo control, desde luego) no es aislada. En la sociedad actual, vivir bajo estrés es una afección que se está volviendo tan frecuente como el catarro común, y son muchas las personas que se enferman a causa de él. De acuerdo con recientes reportes médicos:

- **El estrés es el principal problema que experimenta aproximadamente el 60% de la población mundial, especialmente en los países más desarrollados y entre las personas que viven en las ciudades con mayor densidad de población.**

Y, en efecto, el estrés puede llegar a provocar serias complicaciones. Algunas enfermedades pueden ser causadas directamente por el estrés, mientras que muchas otras son exacerbadas por el estado de ansiedad y tensión que genera. Dolores de cabeza, acné, insomnio, trastornos estomacales... la lista es larga, y lo más probable es que usted ya haya sufrido algunas de las consecuencias físicas del estrés sin siquiera saberlo. En este capítulo enumeramos las manifestaciones físicas más comunes que puede tener el estrés y le recomendamos las medidas a observar para no convertirse en una víctima más de ellas.

1
LAS ENFERMEDADES CARDIACAS

Las dietas de alto contenido en grasas y el hábito del cigarrillo no son los únicos factores que pueden ser responsabilizados con el elevado número de muertes que las enfermedades cardíacas provocan cada año. Numerosos estudios llevados a cabo recientemente revelan otro culpable: el estrés. Los investigadores han podido comprobar que:

- La tensión emocional prolongada y sin alivio, así como la incapacidad de las personas de alejarse de los problemas y relajarse regularmente, se encuentran entre los factores que permiten detectar qué personas podrían sufrir un ataque al corazón.

Sorpresivamente, la persona no necesita estar atado a las presiones de una oficina para sentir estos efectos del estrés; inclusive las amas de casa pueden ser tan propensas a ser víctimas de ataques cardíacos como aquellas personas que trabajan bajo presión en una oficina, taller o fábrica. Asimismo, las preocupaciones por el dinero constituyen otro factor que contribuye a que el estrés aumente y, por consiguiente, los riesgos de que se presente un accidente cardiovascular.

Los investigadores ya saben que existe algún tipo de vínculo entre emociones tan potentes como la cólera, la depresión, y la ansiedad y el desarrollo de las enfermedades cardíacas. Por lo tanto, si conseguimos canalizar más saludablemente nuestras emociones y controlar el estrés, y si podemos disminuir los niveles de depresión, quizás pudiéramos ser capaces de reducir también los riegos de que se presente un ataque cardíaco.

Para evitar que el estrés pueda afectar la salud de su corazón, los especialistas recomiendan:

- **Haga ejercicios físicos con regularidad.** Incrementar el nivel de actividad física no sólo acelera el ritmo cardíaco (la frecuencia de los latidos del corazón) sino que también permite canalizar positivamente las emociones que generan estrés. Pequeños cambios en nuestros hábitos (como subir escaleras en lugar de utilizar el ascensor, por ejemplo) pueden ayudar a neutralizar el estrés.
- **Tenga pensamientos positivos.** Cambie sus pensamientos negativos ("Yo nunca voy a sentirme mejor") por otros más optimistas y productivos ("Yo pudiera seguir sintiéndome mal por unas cuantas semanas, pero finalmente voy a mejorar"). Esta estrategia forma parte de la llamada "terapia de comportamiento cognitiva", una forma muy efectiva para tratar el estrés, en la cual se les enseña a los pacientes a pensar positivamente y a desarrollar la capacidad para lidiar con los problemas cotidianos. Para las personas que sufren de una forma severa de depresión, la *terapia de comportamiento cognitiva* es empleada en combinación con medicamentos antidepresivos (vea el capítulo 15).
- **Obtenga apoyo.** Las relaciones interpersonales positivas y satisfactorias pueden disminuir los niveles de ansiedad a los que esté sometida una persona. Si, por ejemplo, usted constantemente discute con su cónyuge, es importante resolver lo que evidentemente es una falta de comunicación: hablar, escuchar, analizar y resolver cualquier diferencia es fundamental para lograr comunicación con otra persona... ¡téngalo presente! Asimismo, es conveniente que el individuo que esté sometido a un nivel de estrés fuera de lo normal dedique por lo menos quince minutos al día para compartir sus pensamientos, preocupaciones e intereses con otra persona que sea afín.
- **Haga cambios en la dieta habitual.** Convertir los alimentos con un alto contenido en fitoestrógenos en una parte importante de su dieta también pudiera beneficiar su corazón. De acuerdo con un reciente estudio llevado a cabo por la **Universidad de Kentucky** (Estados Unidos), 30 gramos diarios de soya pueden ser suficientes para reducir los riesgos de que se presente un ataque cardiovascular (entre

un 18% y un 28%). Otras investigaciones similares revelan que los frijoles de soya evitan el desarrollo de las enfermedades del corazón e inclusive el cáncer.

2
LOS DOLORES DE CABEZA

Tan sólo en los Estados Unidos, se estima que aproximadamente 45 millones de personas experimentan dolores de cabeza, crónicos y recurrentes. Aunque es imposible establecer con absoluta exactitud qué papel desempeña el estrés en el dolor de cabeza, se sabe que:

- Las tensiones emocionales pueden producir una serie de cambios físicos que conducen a las migrañas.

Por ejemplo: si usted tiene un problema con su jefe o está agobiada con los niños, los músculos en su cuello, hombros y cara se contraen, lo cual puede causar dolor y convertirse en una cefalea provocada por tensión (el tipo más común de dolor de cabeza).

El estrés también puede exacerbar o causar otros tipos de dolores de cabeza, incluyendo la migraña debilitante y los dolores de cabeza de carácter hormonal. Este último tipo de dolor de cabeza resulta casi siempre (en las mujeres) del descenso en los niveles de estrógeno que se produce durante el ciclo menstrual, lo cual —entre otras cosas— también puede causar que los niveles de estrés se eleven.

Para evitar o aliviar los dolores de cabeza relacionados con el estrés, los siguientes recursos pueden resultar muy efectivos:

- **El tratamiento hormonal.** Uno de los más nuevos y prometedores tratamientos para las mujeres que sufren de dolores de cabeza debido a los cambios hormonales es la terapia a base de estrógeno. Un parche de baja dosis de estrógeno (que contenga aproximadamente el 20% del estrógeno presente en las píldoras anticonceptivas) es usado por tres a siete días durante el ciclo menstrual, el período en que por lo general se producen los dolores de cabeza.
- **La comunicación.** Para las mujeres que sufren de dolores de cabeza con base hormonal alrededor de sus períodos menstruales, conversar con una persona afín, con intereses similares, puede ofrecer alivio.

- **Los suplementos de calcio.** Algunos especialistas sugieren que las mujeres que sufren de migrañas menstruales incrementen su consumo de calcio (con un suplemento de 1.5 gramos), comenzando tres días antes de la menstruación y continuándolo hasta que ésta termine.
- **Tomar pequeñas cantidades de cafeína.** Tomada en pequeñas cantidades, la cafeína ha probado tener propiedades que permiten aliviar los dolores de cabeza, las cuales se incrementan si la cafeína es usada en conjunción con el ibuprofén. Por ello, para aliviar el dolor de cabeza causado por el estrés, es recomendable tomar una taza de café (o té) conjuntamente con una tableta de ibuprofén (que se vende en las farmacias, sin necesidad de prescripción médica).
- **Detenga el ciclo del dolor de cabeza.** La llamada "técnica de retroalimentación *(biofeedback)*" se está convirtiendo en uno de los principales tratamientos para las personas que sufren de migrañas crónicas y recurrentes. En numerosos estudios clínicos llevados a cabo con pacientes que sufren de dolores de cabeza frecuentes, se les ha enseñado a identificar la forma en que reaccionan ante el estrés al que puedan estar sometidos, así como a emplear técnicas de relajación que deben ser implementadas ante la primera señal de que se avecina un episodio de dolor de cabeza.

Preste atención a la forma en que usted reacciona ante el estrés, y considere todo lo que puede hacer para evitarlo. Por ejemplo: si usted acostumbra a contraer los músculos de su cuello al sentir ansiedad o estar sometido a un nivel de presión elevado, rotar la cabeza para relajarlos podría ayudarle a aliviar que se manifieste el dolor de cabeza.

3
EL SÍNDROME DEL INTESTINO IRRITABLE

Este es un trastorno intestinal que —de acuerdo con las estadísticas— se presenta con mayor frecuencia en las mujeres jóvenes y de mediana edad; asimismo, puede empeorarse por el estrés emocional, los excesos cometidos en la dieta, y otros factores.

En reacción al estrés y a otras influencias, el cerebro envía señales al intestino que causan contracciones más intensas, o pudieran cambiar la sensibilidad de los nervios de esa zona, provocando inflamación, incomodidad, y la necesidad de mover el vientre. Tan importante es el papel que desempeña el estrés en la exacerbación del *síndrome del intestino irritable* (y otros desórdenes estomacales) que un reciente estudio realizado en los Estados Unidos entre estudiantes universitarios encontró que el 70% de ellos sólo sufría de dificultades gastrointestinales cuando estaban bajo situaciones que generan estrés (generalmente en época de exámenes).

Para evitar que los síntomas de este desorden empeoren:

- **¡Preste atención a los alimentos que ingiere!** La mayoría de los especialistas sugieren que se preste especial atención a la dieta. Dado que las reacciones a los alimentos varían de persona a persona, mantenga un diario de los alimentos que ingiere y los síntomas que los mismos pueden provocar, por lo menos durante una semana. Aquellos elementos que causan molestias intestinales con mayor frecuencia son:
  (1) El consumo excesivo de cafeína.
  (2) El alcohol.
  (3) La leche (en los individuos que presentan intolerancia a la lactosa).
  (4) Los alimentos con un alto contenido de grasa (como son los productos lácteos y las carnes rojas, a veces hasta en pequeñas cantidades).
- **Los medicamentos.** Los tratamientos para los casos más severos del *síndrome del intestino irritable* incluyen medicamentos antidepresivos en pequeñas dosis, los cuales ayudan a reducir el dolor gastrointestinal que acompaña a este trastorno.

4
EL DESORDEN DE LA
ARTICULACION TEMPOROMANDIBULAR

La articulación temporomandibular une a la mandíbula inferior con el cráneo, permitiendo que ésta se abra, se cierre, y ejecute todas sus funciones. Esta condición ocurre cuando la articulación (o el tejido cercano) se inflama debido a la presión ejercida sobre el área, usualmente a causa de la acción de rechinar o apretar los dientes... resultado del estrés.

Para tener una idea de cómo puede inflamarse la articulación temporomandibular, imagine qué usted sentiría si una presión de unos 5 kilos fuera ejercida sobre su brazo por muchas horas, hasta el final del día... ¡Este es, precisamente, el nivel de presión que usted ejerce sobre la mandíbula si aprieta o rechina los dientes a causa del estrés! El problema más serio es que la persona pudiera no darse cuenta de lo que está haciendo si no se mantiene alerta al sonido de sus dientes o a la sensación de opresión continua.

Los síntomas del desorden temporomandibular pueden manifestarse como dolor de cabeza, cuello, o mandíbula... incluso como dolor de oídos. Si a usted se le presenta un dolor de cabeza recurrente en las mañanas o a media noche, si su mandíbula hace determinados sonidos al abrirse o cerrarse, o si algunas veces tiene dificultad para abrir ampliamente la boca, lo más probable es que usted esté a punto de convertirse en otra víctima del desorden temporomandibular.

Para evitar o aliviar el desorden temporomandibular, los siguientes recursos pueden resultar muy efectivos:

- **Aliméntese debidamente.** Dado que un factor importante en el síndrome temporomandibular son los músculos fatigados, alimentarse adecuadamente puede mejorar la función muscular. Asimismo, un suplemento multivitamínico general y las dosis diarias de vitamina C y B-6 (comenzando con 250 miligramos) pueden ayudar a fortalecer los músculos faciales.
- **Considere los dispositivos dentales.** Consulte con un ortodoncista o dentista la posibilidad de evitar el exceso de presión en su mandíbula utilizando un protector bucal. Este económico dispositivo (también llamado comúnmente placa de mordida, ortótico o tablilla) permite relajar los músculos faciales, le otorga una mejor alineación a la mandíbula, e intercepta la opresión de los dientes, de manera que se ejerza menos presión en la articulación temporomandibular.

5
LOS EPISODIOS DE INSOMNIO

Si usted habitualmente presenta problemas para conciliar el sueño o lograr un sueño reparador (y no padece de alguna condición médica, como dolores de espalda, que lo hace sentir incómodo), esos episodios de insomnio pudieran ser consecuencia del estrés. En la mayoría de los casos, una vez que el factor causante de la tensión es eliminado, el proceso del sueño se normaliza. No obstante, es importante considerar que el insomnio crónico también puede deberse a las propias preocupaciones del paciente con respecto al sueño. Algunas personas que padecen de insomnio creen que si no se duermen durante los primeros diez minutos después de estar en la cama van a permanecer despiertas toda la noche... y muchas veces es esta misma preocupación la que afecta su capacidad para conciliar el sueño.

Las consecuencias del insomnio crónico pueden ser devastadoras: incapacidad para recordar o concentrarse, irritabilidad, aislamiento social, depresión, y el empeoramiento de enfermedades ya existentes (como la migraña o la artritis). Para aliviar los episodios de insomnio, los siguientes recursos pueden ser efectivos:

- **Expóngase al sol, pero moderadamente.** La solución a sus noches de desvelo pudiera ser algo tan simple como someterse a la llamada "terapia de la luz": expóngase al sol, debidamente protegido, durante horas en que la incidencia no sea tan intensa (antes de las 10 a.m. y después de las 3 p.m.). Esta simple medida le proporcionará a su cuerpo la llamada que necesita para despertarse y le ayudará a restablecer su ritmo natural de sueño, de manera que cuando la noche caiga, su organismo ya estará preparado para el descanso.

- **Observe un estilo de vida sano.** No beba, no fume, y tampoco ingiera alimentos antes de ir a la cama o si se despierta durante la madrugada. Además, tampoco haga un esfuerzo sobrehumano para dormir. Si usted está dando vueltas en la cama y moviéndose sin poder conciliar el sueño, levántese y lea, o mire la televisión por un buen rato. Unicamente vuelva a acostarse una vez que se sienta soñoliento.

- **¿Píldoras para dormir...? ¡Cuidado!** Si son tomadas adecuadamente (y bajo la supervisión del médico), las píldoras para dormir pudieran ser efectivas para combatir el insomnio circunstancial. Frecuentemente, todo lo que las personas necesitan es un par de semanas de medicación para recuperar su rutina habitual de sueño. No obstante, considere que estos medicamentos fácilmente pueden desarrollar hábito... e inclusive adicción. En la mayoría de los casos resulta mejor confiar en un baño tibio o en escuchar una música suave para ayudarle a relajarse y conciliar el sueño.

ADEMAS, CONSIDERE...

PARA RELAJARSE...
¡RESPIRE PROFUNDAMENTE!

Ante niveles elevados de estrés, las mejillas se enrojecen, la temperatura del cuerpo aumenta, los latidos del corazón se aceleran, y la respiración comienza a volverse más corta (la llamada *respiración entrecortada).* ¿Antídoto para esta situación? La **respiración diafragmática**, más profunda y lenta; si se mantiene por unos 15 minutos, es posible aliviar la tensión nerviosa y los estados de ansiedad.

A continuación le ofrezco cuatro pasos sencillos que le indicarán cómo practicarla:

- Acuéstese.
- Coloque una mano sobre su vientre; la otra sobre su pecho.
- Respire lentamente, de manera que su estómago se mueva hacia arriba.
- Exhale lentamente, de forma tal que su estómago se mueva hacia adentro. Imagine que su ombligo llega a tocar la columna vertebral.

CAPITULO 17

ATAQUES DE PANICO:
CADA VEZ MAS FRECUENTES,
Y SE PRESENTAN SIN AVISAR

Un ataque de pánico es una sacudida violenta que lo mismo puede prolongarse por dos minutos que diez minutos. Después que se manifiesta el primero, la víctima vive con el temor perenne de que va a sufrir este trastorno de ansiedad, el cual puede presentarse hasta mientras el paciente duerme. Si bien la condición —en casos críticos— requiere ser tratada por un profesional, es fundamental que quien la padece identifique los síntomas de la misma y sepa exponerlos al Sicólogo o Siquiatra que lo va a tratar. En muchas ocasiones, las víctimas del pánico no saben lo que les está ocurriendo (ni por qué), y sencillamente se conforman con ver limitadas sus actividades habituales víctimas de lo que llaman "temores inexplicables".

A continuación, descripciones de víctimas de estados de pánico:

- "La primera vez que me invadió el pánico me hallaba en medio de una conferencia que dictaba un especialista, y relacionada con el campo en que se desarrolla mi trabajo. De repente sentí que me iba a morir... y salí corriendo del salón, sin saber a dónde dirigirme ni qué iba a hacer".
- "Para mí, un ataque de pánico es una experiencia violenta... siento que voy a enloquecer. Me invade el temor de que estoy perdiendo todo control de mí mismo... El corazón comienza a latir a un ritmo acelerado, y estoy consciente de que se va a producir una catástrofe que, evidentemente, no seré capaz de evitar".
- "Sufro de ataques de pánico, periódicamente. Una vez que supero una crisis, me invade un estado de ansiedad total, porque no sé en qué momento voy a experimentar otra crisis... La situación es debilitante, y por más que trato, no logro escapar de ese estado de ansiedad progresiva que me lleva a sufrir un ataque en toda su intensidad".

El pánico es uno de los llamados "trastornos de la ansiedad" que se presentan inesperadamente, en forma repetida, y sin que ningún elemento pudiera haberle sugerido antes que iba a verse afectado por esta condición emocional. La persona que es víctima de esta condición, sufre de episodios intensos de ansiedad que no son provocados por un factor en particular, y una vez que son controlados, pueden volver a presentarse en cualquier momento, sin que se pueda predecir cuándo.

Pueden ser más o menos frecuentes, y una vez que el pánico se manifiesta, la víctima cree que va a morir (porque el ritmo cardíaco se descontrola completamente), se ve afectada por un dolor intenso en el pecho, siente frío y calor a la vez, muestra dificultad para respirar... y éstos son sólo algunos de los síntomas que identifican un ataque de pánico. En el momento en que la situación cesa, la persona siente que recupera la calma, pero se preocupa al no saber cuándo se manifestará otro ataque, y a veces este pensamiento se vuelve obsesivo, causando un estado de ansiedad debilitante.

El pánico —como trastorno síquico— significa una serie de ataques; si la persona ha sufrido uno solamente, ello no quiere decir que padezca de la condición, porque las posibilidades de que no se manifieste otro son grandes. Sin embargo, si los ataques de pánico se repiten, la situación llega a convertirse en un problema que requiere atención profesional, porque la víctima corre el peligro de que la condición evolucione hacia los niveles de ser considerado como una enfermedad seria que no permite que la persona realice normalmente sus actividades habituales.

Entre otras condiciones, la persona que sufre periódicamente de ataques de pánico, llega a caer con frecuencia en estados depresivos profundos, los cuales inclusive puede llevarla a refugiarse en el alcohol y las drogas. En otros casos, desarrolla fobias hacia lugares o situaciones que consideran que pudieran haber activado un ataque de pánico. La vida de algunas personas que sufren de pánico ocasionalmente, se ha visto limitada considera-blemente, al punto de evadir muchas de las actividades normales cotidianas (como ir al supermercado, conducir el automóvil, y hasta llegar al extremo de negarse a salir de la casa). Otras veces, quienes sufren de esta condición llegan a no atreverse a salir solas y necesitan el apoyo de alguien con quien se sientan seguras para enfrentarse a determinadas situaciones que le causan ansiedad extrema. Detrás de todos estos síntomas se esconde el miedo que siente la persona a sentirse indefensa si sufre otro ataque de pánico. De acuerdo a las estadísticas:

- **Se estima que más de un 30% de las personas que padecen de este trastorno de ansiedad llegan a experimentar un grado de inca-**

pacidad que es conocida como "agorafobia" (insisten en permanecer encerradas en lugares que le son familiares, donde se sienten protegidas).

Ahora bien, si se tratan los ataques de pánico a tiempo, es posible detener el progreso de la condición para evitar situaciones extremas.

CAUSAS Y SINTOMAS DE LOS ATAQUES DE PANICO

Hasta el presente, no se conocen exactamente cuáles son los factores que activan un ataque de pánico. Existen varias posibilidades, y entre las mismas se hallan:

- La herencia.
- Los elementos biológicos.
- Hechos de impacto en la vida de los pacientes.
- Reacciones exageradas ante las funciones normales del organismo.

Por otra parte, algunos científicos están investigando la posibilidad de que los ataques de pánico se deban a un mecanismo del cerebro que —erróneamente— active el mensaje de que la muerte es inminente.

Las estadísticas muestran que:

- Entre el 1% y el 2% de las seres humanos sufren periódicamente de ataques de pánico (el porcentaje es mayor en los países más industrializados, y en las grandes ciudades, en donde son más los factores que pueden generar los estados de ansiedad con mayor intensidad).

Asimismo, las mujeres son dos veces más propensas al desarrollo de la también llamada *enfermedad del pánico* que los hombres, y es en los adultos jóvenes en quienes la condición es más frecuente:

- Se estima que hasta en el 50% de las personas que sufren de pánico el trastorno comenzó a desarrollarse antes de los 24 años, y es frecuente detectar en las personas que lo padecen estados de depresión (en el 30% de los casos), y la adicción al alcohol y las drogas (en el 17%).

El paciente que experimenta ataques de pánico muchas veces busca el alcohol y los estupefacientes esperando encontrar alivio al pánico; en casos extremos, recurre al suicidio (el 20%, de acuerdo a las estadísticas más recientes).

Otro problema que por lo general se manifiesta en las personas que sufren de ataques de pánico es el llamado *síndrome de irritación intestinal,* que se presenta con cólicos gastrointestinales, diarreas, o estreñimiento. Es posible también que el paciente sufra alteraciones en el ritmo de los latidos del corazón, pero éstas tienen una importancia relativa.

En general el pánico causa los siguientes síntomas:

- Aceleración del ritmo cardíaco.
- Dolores en el pecho.
- Episodios de terror.
- El temor a morir repentinamente.
- Mareos, vahídos.
- Náuseas.
- Ráfagas de calor.
- Dificultad para respirar.
- Escalofríos.
- Entumecimiento de las extremidades.
- Confusión.
- El temor a perder el control o tomar una acción drástica.

¿CUAL ES EL TRATAMIENTO PARA LA ENFERMEDAD DEL PANICO?

En la actualidad se estima que entre el 70% y el 90% de los casos de pánico y de agorafobia se controlan mediante diversos tipos de tratamientos: a base de medicamentos químicos, sicoterapia, o una combinación de ambos. Es muy importante que la persona obtenga orientación profesional tan pronto como se manifiesten los primeros síntomas de pánico; de esta manera evita que la condición progrese y llegue a convertirse en agorafobia.

Antes de iniciar un tratamiento para la enfermedad del pánico el paciente debe ser sometido a un examen médico para eliminar toda posibilidad de que los síntomas sean causados por otra condición. Esto es necesario debido a que existen enfermedades que se manifiestan con síntomas muy similares a los del pánico, y entre las mismas se encuentran el hipertiroidismo (un nivel muy elevado en las hormonas de las tiroides), ciertos tipos de epilepsia, o alteraciones en el ritmo de los latidos del corazón (arritmia).

LA SICOTERAPIA

Los numerosos estudios que se han realizado sobre la enfermedad del pánico indican que el tratamiento más efectivo para evitarlo, y aliviar sus síntomas, es la sicoterapia (aplicando la **terapia cognoscitiva**, conjuntamente con la **terapia del comportamiento**) y combinada con medicamentos. El tratamiento varía de un paciente a otro, y es determinado según las características del caso y la preferencia del individuo. De cualquier forma, si no se observan cambios importantes en el término de seis a ocho semanas de haberse iniciado, el especialista a cargo del caso debe hacer otra evaluación para implementar los ajustes que estime conveniente en el tratamiento inicial.

La **terapia cognoscitiva** es un método que permite modificar o eliminar patrones de pensamientos que originan los síntomas del ataque de pánico en la persona, y la *terapia del comportamiento* es la que le ayuda a cambiarlo:

- Un tratamiento típico con este plan requiere de 1 a 3 horas a la semana, durante las cuales el médico primeramente investiga cuidadosamente cuáles han sido los pensamientos y sentimientos del paciente durante el ataque de pánico. Y una vez definidos, se analizan de acuerdo con el modelo cognoscitivo de los ataques de pánico.

Según el modelo, la persona que sufre de ataques de pánico suele distorsionar los pensamientos sin darse cuenta de ello, y eso puede activar un ciclo de temores infundados que llega a descontrolarse. El proceso del ciclo comienza por una sensación de preocupación que se manifiesta con la aceleración del pulso, la contracción de los músculos del tórax, y la sensibilidad en el estómago. Estas alteraciones pueden ser el resultado de cierto nivel de preocupación, de imaginar algo desagradable, de una enfermedad sin importancia, y hasta consecuencia de haber realizado una actividad física intensa. Sin embargo:

- En la persona que sufre ataques de pánico, la reacción a estos síntomas es ansiedad, y ésta inicia más sensaciones desagradables, las cuales a su vez aumentan los niveles de ansiedad y se originan los pensamientos sobre catástrofes inminentes: la víctima piensa que va a sufrir un ataque al corazón, que está enloqueciendo, o que se halla ante una situación de peligro sobre la cual no es capaz de ejercer ningún tipo de control.

El ciclo completo del pánico puede durar sólo unos segundos, y la persona a veces se da cuenta de cuáles fueron las primeras sensaciones o pensamientos que activaron el ataque de pánico.

Con esta terapia el paciente aprende a reconocer los pensamientos y sentimientos que se manifiestan durante el ataque de pánico, y a modificar su reacción ante los mismos. Le enseña cuáles son algunos pensamientos característicos, para que pueda identificarlos una vez que se le presenten:

- "Cada vez estoy peor", "estoy a punto de sufrir un ataque al corazón que me va a ocasionar la muerte", "tengo los síntomas de un ataque cardíaco"… Estos pensamientos negativos son sustituidos por otros positivos, como "Es sólo intranquilidad lo que siento, y ya se me está pasando".

Modificar los pensamientos negativos de esta manera permite controlar y aliviar la ansiedad, y evadir que el ataque de pánico en sí se manifieste en toda su intensidad. Parte del tratamiento consiste en enseñarle al paciente procedimientos específicos para reconocer y modificar los pensamientos que le atormentan, y una vez que logra hacerlo, es evidente que desarrolla más control sobre el problema.

La *terapia cognoscitiva* no se enfoca sobre el pasado (como sucede con otras formas de sicoterapia), sino sobre las dificultades a las que debe enfrentarse en el presente, y cómo manejarlas con los métodos que se aprenden. En cuanto a la fase del comportamiento, se incluyen técnicas que ayudan a relajarse. Cuando las aprende y las practica (como la respiración profunda, por ejemplo) el paciente disminuye la ansiedad generalizada y el estrés (éstos son dos de los factores que preparan el terreno para que se manifieste el ataque de pánico).

La **sicoterapia sobre el comportamiento** ofrece otras técnicas muy importantes y efectivas para controlar los ataques de pánico:

- Una de ellas (el enfrentamiento) expone a la persona a las sensaciones que van invadiéndolo. El médico hace una evaluación de aquéllas que se asocian con el ataque de pánico, y —según esa evaluación— hará que el paciente provoque algún síntoma de pánico (respirando interrumpidamente, y con rapidez, para que sienta ligeros mareos, o surjan pensamientos de catástrofe inminente). Entonces se le enseña cómo enfrentarse a los sentimientos y pensamientos negativos que le asalten, reemplazándolos por otros positivos (como "se trata solamente de un ligero mareo, y es una condición pasajera").

- Otro método muy efectivo es el llamado "exposición en vivo", mediante el cual el paciente aprende a dominar el comportamiento que le hace evitar lugares y actividades que relaciona con los ataques de pánico (sobre todo aquéllos que le impiden hacer una vida normal). Con este método la persona afectada por la condición va venciendo el temor que la embarga —gradualmente, y a pesar de la ansiedad— y se va dando cuenta de que la situación no es peligrosa, ya que es capaz de sobrevivir a la experiencia.

Estos tratamientos se prolongan por un período que puede oscilar entre ocho y doce semanas, aunque hay pacientes que requieren más tiempo para aprender a controlar las situaciones de pánico. Con estos métodos, las estadísticas muestran que las recaídas son contadas y que se logra reducir la frecuencia de los ataques, así como la ansiedad que produce considerar que se van a presentar en cualquier momento.

LOS MEDICAMENTOS

Si los tratamientos para controlar los ataques de pánico se basan en medicamentos, éstos son los que evitan que se manifieste el ataque de pánico, o disminuyen la frecuencia y la severidad de los mismos, así como la ansiedad que produce anticiparlos. Al disminuir todas esas tensiones, el paciente se siente mejor y se atreve a enfrentarse a situaciones que consideraba vedadas para él, lo cual es una forma de tratamiento de enfrentamiento o exposición, pero apoyada por los medicamentos.

Entre los medicamentos que mejor controlan el pánico se hallan algunos inhibidores de serotonina selectivos, los antidepresivos tricíclicos, y las benzodiacepinas de alta potencia (entre otros). El tipo de medicamento depende de cada caso en particular, así como de consideraciones sobre la tolerancia al mismo, y las preferencias del paciente.

LOS MEDICAMENTOS Y
LA SICOTERAPIA

Los tratamientos que combinan medicamentos y sicoterapia constituyen una alternativa magnífica para controlar los ataques de pánico. Este enfoque ofrece alivio rápido, gran efectividad, y un porcentaje muy bajo de recaídas. No obstante, todavía es necesario llevar a cabo otros estudios y realizar comparaciones estadísticas para confirmar esos resultados.

¿QUE ES EL
TRATAMIENTO SICO-DINAMICO?

Se trata de una terapia a base de conversaciones con la persona que sufre ataques de pánico periódicamente, con el propósito de identificar conflictos emocionales subyacentes que pudieran ser los que están causando la condición. Aunque esta terapia alivia el estrés que propicia los ataques de pánico, no parece que contribuya a evitarlos. En realidad no existen pruebas científicas de que la *terapia sico-dinámica* por sí sola ayude a la persona a vencer los estados de pánico o la agorafobia. No obstante, sí puede ayudar en casos en que la persona sufra de ataques de pánico y que presente otros problemas emocionales; en estas situaciones, este tipo de terapia es considerada como un complemento al tratamiento tradicional (sicoterapia y medicamentos).

CONSIDERE, ADEMAS...

¿QUE HACER CUANDO
UN FAMILIAR O AMIGO
SUFRE UN
ATAQUE DE PANICO?

1. No trate de adivinar qué factores son los que están afectando a la persona que experimenta el ataque de pánico; ¡pregúntele directamente!

2. No sorprenda a la persona; sea preciso en sus predicciones.

3. Permita que la persona determine el plan de recuperación a seguir.

4. Identifique (y mencione) algo positivo en cada situación de pánico. Si la persona que sufre de ataques de pánico sólo puede llegar hasta la mitad de un esfuerzo (como irse del cine, sin terminar de ver la película), destaque los logros y no haga énfasis en los fracasos.

5. No facilite el rechazo: negocie con la persona que padece de pánico para que dé un paso más de avance que lo lleve a controlar la condición que lo afecta.

6. No sacrifique su propia vida por el familiar o amigo que sufre ataques de pánico; no fomente resentimientos.

7. No sienta pánico usted si el familiar sufre una crisis de pánico.

8. Recuerde que es normal que usted sienta angustia. Es natural que usted se preocupe por la persona que sufre de ataques de pánico.

9. Sea paciente y acepte los hechos, pero no que la persona afectada se vea incapacitada definitivamente.

10. Estimúlela con frases positivas, como por ejemplo: "Lo puedes hacer y no importa cómo te sientas. Me siento orgulloso de tí... ¿Qué necesitas ahora? Respira despacio y profundamente. No es el lugar lo que te está afectando y causando la ansiedad y el pánico; son tus pensamientos negativos. Sé que lo que sientes es doloroso, pero no es peligroso. Tú eres una persona valiente, y puedes superar la situación en la que te encuentras". No pronuncie frases que pudieran ser interpretadas equivocadamente. Por ejemplo, si la persona sufre un ataque de pánico mientras se halla en el cine, no recurra a frases tan fuertes como, por ejemplo: "Relájate... cálmate... no te angusties. ¡Quédate tranquilo!. Puedes luchar contra lo que estás sintiendo, pero tienes que quedarte aquí... no seas cobarde, que de los cobardes no se ha escrito nada positivo".

CAPITULO 18

¿SIMPLES MANIAS...
O UNA
OBSESION
COMPULSIVA?

La combinación de pensamientos obsesivos seguidos por acciones compulsivas es un estado de ansiedad que requiere atención profesional para que no se convierta en una enfermedad crónica que le arruine la vida.

Son muchas las personas que desarrollan trastornos sicológicos (debidos a diferentes factores) y que no están conscientes de que requieren ayuda y orientación profesional, ya que de por sí nunca serán capaces de controlar la condición que se les ha presentado. Muchas no están conscientes de que se hallan ante un trastorno de ansiedad, y en ese caso con frecuencia se encuentran las personas que sufren de la obsesión compulsiva, a la cual califican simplemente de "manías".

El caso de **María B.** es típico:

- "Todo en mi vida llegó a convertirse en un ritual; hasta las actividades más sencillas en mi vida diaria se afectaron... Por ejemplo: si compraba algo en un establecimiento, contaba el dinero que me devolvían una y otra vez, a pesar de que estaba consciente de que había recibido el cambio debido... Al apagar la televisión en las noches, al irme a dormir, tenía que cerciorarme de que el televisor quedaba sintonizado en un canal que representara un número de suerte para mí... como el 7. Pero no conforme con ello, a veces me despertaba a medianoche para comprobar que así lo había hecho... Me lavaba la cabeza dándome tres jabonaduras seguidas, sencillamente porque el tres era otro número de suerte... A veces contaba las líneas en los párrafos que leía, y dejaba la lectura si el número se hallaba entre aquéllos que yo consideraba que podrían ocasionarme algún tipo de catástrofe. Siempre contaba el número de palabras en todo lo que escribía, y agregaba líneas para que el número total equivaliera a uno de los afortunados, elegidos arbitrariamente en mi mente... Pero mi obsesión incluía hasta mis padres, a quienes llegué a considerar que podía hacerles daño en un acto de violencia, si no era capaz de controlar debidamente mis emociones. Tal era mi obsesión ante esa capacidad de violencia que consideraba que había desarrollado, que llegué a eliminar la palabra muerte de mi vocabulario... consideraba que era de mal augurio mencionarla, y mucho más el escribirla".

- "Al vestirme en las mañanas, también compulsivamente tenía que seguir una rutina... Elegía los colores de la ropa que me iba a poner, eliminando los que consideraba que me podían ocasionar algún tipo de daño... aunque nunca llegué a determinar qué daño era el que temía. Una vez vestida, me desvestía y cambiaba de ropa, porque estimaba que no me había vestido en el orden debido; es decir, ponerme primeramente una blusa y después la falda, y finalmente los zapatos. Lo peor de todo es que estaba consciente... en todo momento... de que estos rituales no tenían pie ni cabeza... pero yo no era capaz de interrumpirlos. Llegó un momento en que contaba los postes de la luz eléctrica que habían entre mi casa y el lugar donde trabajaba, y como el número que resultó se encontraba entre los que consideraba de mala suerte, comencé a hacer gestiones para cambiar de trabajo... Fue en ese momento que decidí buscar ayuda profesional; fue así, también, cuando comprendí que sufría de un trastorno de la ansiedad llamado *obsesión compulsiva,* y que requería tratamiento a base de medicamentos y terapia continuada".

UN TRASTORNO QUE SUFRE
1 DE CADA 50 PERSONAS...

Cuando una persona siente que es incapaz de controlar pensamientos que la obsesionan y le invade una necesidad urgente de hacer algo especial como consecuencia de la persistencia de esos pensamientos, presenta síntomas de la *ansiedad obsesivo-compulsiva,* una manifestación de los llamados *trastornos de la ansiedad* que —según estadísticas recientes— se estima que afecta a 1 de cada 50 personas.

Por ejemplo, si la persona desarrolla la obsesión de que hay gérmenes en todas partes, es evidente que la invaden pensamientos o imágenes ob-sesivas que su voluntad no puede controlar; por ese motivo, se lava las manos continuamente, en una forma compulsiva. Los síntomas de esta condición son fáciles de identificar porque en todo momento la persona afectada está consciente de que lo que piensa y hace no tiene sentido.

Entonces, ¿por qué se deja arrastrar por esos pensamientos obsesivos...? Sencillamente, no lo puede evitar. Quienes sufren de esta condición son individuos que verifican una misma situación infinidad de veces, porque la duda se convierte en su obsesión; o le acosan pensamientos de que pueden cometer actos de violencia, y temen lastimar a las personas a su alrededor; o tal vez pasan largos períodos de tiempo contando y tocando los mismos objetos; o es posible que desarrollen pensamientos persistentes sobre actos sexuales que les resultan repugnantes, o que los asalten imágenes ofensivas a sus convicciones morales.

El proceso de la *ansiedad obsesivo-compulsiva* es el siguiente:

Cuando la persona se ve abrumada por pensamientos o imágenes obsesivos, trata de neutralizarlos realizando actos compulsivos inmediatos.

- Estos actos constituyen un esfuerzo por librarse de la idea obsesiva, no porque disfrute lo que hace, sino porque le ofrecen un alivio a la obsesión que se apodera de ellas. Desde luego, se trata de un alivio que es pasajero.
- Aunque la persona afectada por el trastorno sienta que ni los pensamientos que la asaltan, ni la acción que toma para neutralizarlos tienen sentido, no puede escapar al ciclo que ha establecido como resultado de su *ansiedad obsesiva-compulsiva.*
- Por supuesto, también es posible que la persona afectada no encuentre nada anormal en ese tipo de comportamiento, que la ansiedad obsesiva-compulsiva se vaya apoderando progresivamente de ella, y que llegue a convertirse en un mal crónico.

Un exceso de precaución (como, por ejemplo, pasar varias veces por la cocina antes de salir de la casa, con el propósito de asegurarse de que todas las hornillas están apagadas) pudiera parecer un síntoma de este tipo de trastorno de la ansiedad en una persona que no la padezca. Ahora bien, si tales precauciones que son producto de la ansiedad le toman a la persona por lo menos una hora todos los días, le angustian o interfieren con sus actividades cotidianas, entonces no cabe duda de que presenta síntomas de ansiedad que deben ser atendidos por un profesional.

¿CUALES SON LAS CARACTERISTICAS Y TRATAMIENTOS DE LA ANSIEDAD OBSESIVO-COMPULSIVA?

Muchas veces la persona que padece de *ansiedad obsesivo-compulsiva* también sufre de estados de depresión; en otras se manifiestan trastornos de la alimentación. Además, una reacción característica de los pacientes de esta condición es que comiencen a evadir situaciones o lugares que le recuerden su obsesión, o que recurran al alcohol y a las drogas en un esfuerzo inútil por librarse de su angustia. En casos severos, la ansiedad les imposibilita llevar un estilo de vida normal (afecta sus actividades cotidianas, incluyendo su capacidad para el trabajo), aunque no es frecuente que el trastorno llegue a estos extremos.

Lo mismo que sucede en otros tipos de ansiedad, los tratamientos que más ayudan a la persona que sufre de *ansiedad obsesivo-compulsiva* son los que combinan los medicamentos con la sicoterapia encaminada a lograr cambios en el comportamiento. Sin embargo, algunos pacientes responden a la terapia mejor que otros, y por ello se consideran varias técnicas, para comprobar cuál es la más efectiva en cada caso.

Uno de los procedimientos sicológicos empleados con más frecuencia consiste en exponer al paciente a situaciones que le enfrenten directamente con el problema que le afecte para, después, ayudarle a que se libre del pensamiento obsesivo sin que se presente la reacción compulsiva. Por ejemplo, en el caso de la persona que de manera obsesiva quiere evitar todo tipo de contacto con gérmenes, se le hace que toque algo sucio (posiblemente contaminado), y lograr que seguidamente no se lave las manos. Este tipo de terapia resulta efectiva en pacientes que completan un plan de sicoterapia sobre modificación del comportamiento, pero no ofrece resultados tan positivos en el caso de pacientes obsesivos-compulsivos que también sufren de depresión, o que no siguen debidamente el plan trazado por el especialista.

En cuanto a los medicamentos (fluvoxamina, paroxetina, sertralina, clomipramina y fluoxetina), se ha comprobado que aquéllos que afectan al neurotransmisor serotonina son capaces de aliviar de manera significativa los síntomas de la *ansiedad obsesivo-compulsiva.* Todos estos inhibidores de la serotonina han resultado efectivos en el tratamiento de la condición. Ahora bien, si el paciente no reacciona como se espera a los mismos, en estos momentos se están probando los resultados de combinar los medicamentos con la terapia sicológica, de manera que un procedimiento sirva de apoyo al otro.

Aunque los resultados que se han logrado hasta el presente son positivos, cuando los medicamentos se dejan de tomar, la terapia combinada no resulta efectiva, y la recaída es inmediata. Esta es una de las razones por la que es preferible el tratamiento con ambos métodos; es decir, el empleo de medicamentos conjuntamente con las sesiones de sicoterapia.

CONSIDERE, ADEMAS...

¿QUIENES SUFREN DE LA ANSIEDAD OBSESIVO-COMPULSIVA?

Según las estadísticas, la *ansiedad obsesivo-compulsiva* afecta por igual a hombres y mujeres, a cualquier edad, aunque se trata de una condición que suele ser más común entre los adolescentes y los adultos jóvenes. Los niños también la sufren, y en más de un 30% de los casos; es más, en los adultos que la padecen, los primeros síntomas del trastorno se manifestaron en la niñez. Es posible que el grado de ansiedad presente altas y bajas, pero en muchas situaciones la condición empeora progresivamente.

¿Qué causa la *ansiedad obsesivo-compulsiva?*

- Existen pruebas de que este tipo de ansiedad puede tener una base neurológica, y la evidencia demuestra que el trastorno suele presentarse en varios miembros de la misma familia.
- También pudiera ser causado por costumbres adquiridas en la niñez (como darle una importancia exagerada a la limpieza), o por la creencia de que ciertos pensamientos son inaceptables.

En la actualidad las investigaciones científicas que se realizan sobre la *ansiedad obsesivo-compulsiva* están apartándose de considerar los factores hereditarios, y tratan de hallar las causas de la condición en la interacción de factores neurobiológicos con las influencias del medio ambiente en que se desarrolla el individuo.

Los estudios de imágenes del cerebro (mediante el empleo de una técnica llamada *tomografía de la posición de la emisión)* ha permitido a los especialistas comparar los resultados entre personas normales y otras que sufren de la *ansiedad obsesivo-compulsiva:*

- Las víctimas de la *obsesión compulsiva* presentan patrones de actividad cerebral diferentes a los de personas que padecen otros problemas mentales, o que no sufren de la *ansiedad obsesivo-compulsiva.*
- Con esta técnica se ha logrado identificar quiénes la padecen.
- Inclusive, quienes son obsesivos-compulsivos y han sido tratados por medio de medicamentos, muestran cambios apreciables en la zona del cerebro que es llamada *núcleo caudado.*

Es decir, científicamente se ha logrado comprobar que, tanto la sicoterapia como los medicamentos, tienen un efecto definitivo en el cerebro.

CAPITULO 19

¡HAY PERSONAS QUE SE VUELVEN
ADICTAS AL FRACASO!
¿POR QUE?

Es probable que usted —como yo— se haya tropezado en la vida con estas personas que tienen todos los elementos a su alcance para ser felices y, sin embargo, no lo son. Fracasan en sus relaciones sentimentales, en su trabajo, en todo lo que les puede producir satisfacción. Parecería que "tienen mala suerte", pero en el fondo la culpa es de ellas, aunque no lo admitan. Fracasan porque —por paradójico que esto pueda parecerle— sus personalidades neuróticas disfrutan con ello. Si considera que usted puede pertenecer a este grupo enorme de personas que se vuelven adictas al fracaso, deténgase. Este capítulo puede ser su salvación.

Veamos tres casos diferentes —todos reales— de personas que son adictas al fracaso para ilustrar más claramente este tipo de deficiencia de la personalidad:

- **El caso de Rosa M.**

"Durante dos años consagré mi vida a amar a un hombre que, aunque soltero, por esas circunstancias del destino tenía compromisos previamente establecidos, imposibles de eludir. En esos dos años, creí perdida toda esperanza de lograr mi meta en la vida: casarme. Alberto era un hombre inteligente, ambicioso, atractivo. Lo amaba tanto que llegué a mudarme a un pequeño apartamento cerca de su oficina para poderlo ver en sus horas libres.

Mi mayor ilusión era compartir cada minuto de mi existencia con él. Pero la situación se mantenía inalterable. Un día, cuando menos lo esperaba, me confesó que había decidido casarse conmigo. ¡Momentáneamente, fui la mujer más feliz del mundo, porque de repente se cumplían todos mis sueños! Después, estaba consciente de que debía sentirme feliz, extasiada... Pero no, mi reacción no era de satisfacción ni de alegría. ¿Qué me sucedía... que ni yo misma me lo podía explicar? En vez de saltar de júbilo, finalmente le dije fríamente que no creía en su amor, que si ahora quería casarse conmigo era sólo por nuestras relaciones sexuales, y no porque realmente me amara. No me importó confesarle crudamente que no confiaba en sus sentimientos. Y lo peor de todo, le grité que jamás me casaría con él.

Alberto, desconcertado, se volvió de espaldas y se marchó después de darle un violento tirón a la puerta. Ahora estoy deprimida; he perdido todos los deseos de vivir. Alberto no se aparta de mis pensamientos. Tenía la felicidad tan cerca y, sin embargo, fracasé... ¿Por qué?".

- **El caso de Esteban V.C.**

"Todavía me siento desconcertado cuando recuerdo la horrible pelea que mi esposa y yo tuvimos anoche. Por primera vez desde que nos casamos (hace dos años) dormí en otra habitación. Nuestras desavenencias han sido cada vez más frecuentes; dos noches atrás tuvimos otro altercado porque mi esposa, Alina, me reprochaba que me hubiera puesto de mal humor en una fiesta a la que asistimos. *Si no hubiera sido porque estabas atrayendo las miradas de todos los hombres, no habría sucedido nada,* le protesté. Me respondió, por supuesto, que eran ideas mías, que sólo me amaba a mí, y que jamás le había pasado por la mente serme infiel con otro hombre. Otras veces la he creído, y he controlado mis celos para mantener nuestro matrimonio de la forma más armónica posible; anoche no. Después, en la intimidad, nos ratificamos nuestro amor con esas frases que siempre lo componen todo: *Te quiero, amor... ya verás como lograré reprimir esos celos absurdos y no volveré a reñirte más.*

Sin embargo, en mi caso siempre surge otro conflicto que distorsiona esos planes. Hoy regresé más temprano del trabajo, y Alina aún no había llegado a la casa, según ella, porque había pasado por la casa de su madre antes. No tenía prueba alguna para acusarla de que me había sido infiel, desde luego. Pero tampoco podía evitar que mi imaginación volara y que la viera encontrándose en un cine con un hombre misterioso. ¡No, no iba a hacer el papel de imbécil! Casi no podía hablar de la furia que me embargaba, y me mantuve en silencio durante toda la cena. Después comencé a tirar las puertas y a caminar con fuertes pisadas... ¡dando rienda suelta a mis celos y a mi ira! ¡Y pensar que precisamente unos días antes habíamos considerado la posibilidad de tener un segundo hijo! Pensábamos que iba a superar mis celos y a vivir como tantos otros matrimonios felices. Pero ya no más... De ahora en adelante, viviré solo... Si fracasé con Alina, a quien he amado tanto, evidentemente fracasaré con todas las que vengan después de ella... ¡Mañana mismo le planteo el divorcio!".

- **El caso de Sara A.**

"Mi signo astrológico es Piscis, y soy una mujer muy ambiciosa, lo reconozco. Pero también soy inteligente y tengo una gran determinación en la vida: convertirme en actriz. Afortunadamente, la Naturaleza me ha dotado de muy buena figura. Muchos opinan que también tengo condiciones histriónicas y que podría llegar a cumplir mis anhelos. Me esfuerzo extraordinariamente, hago todo lo posible por alcanzar la meta con la que sueño... recibo clases de artes dramáticas, hago ejercicios constantemente, sigo una dieta rigurosa... La semana pasada, sin embargo, se me presentó la oportunidad de mi vida: un conocido productor de televisión me citó para una entrevista. Me vestí con toda mi calma, creo que hasta perdiendo el tiempo.... Me las arreglé para no conseguir un taxi inmediatamente. Después, sin querer, me equivoqué al darle al taxista la dirección del canal de televisión al que me dirigía. ¿Resultado? Cuando llegué a la oficina donde tenía concertada la entrevista, la secretaria del productor me informó que el mismo se había tenido que marchar, después de haberme esperado durante media hora. ¿Fue culpa mía el no haber sido puntual con un hombre tan importante, del que dependía mi futuro...? Pero en mi caso, esto no es nuevo: siempre que estoy a punto de alcanzar lo que quiero en la vida, fracaso. No sé por qué...".

Tres personas que, evidentemente, lo han echado todo a perder. Cada una de ellas podría ser feliz, porque todas habrían podido lograr su mayor anhelo en la vida. Pero todas —si lo analiza bien— muestran una tendencia compulsiva al derrotismo y se dejan arrastrar por éste... aun en los instantes en que se hallan a punto de triunfar.

- La joven que "desperdicia" dos años de su vida esperando por el hombre que ama y que comprende, después, que se trata de "un amor imposible"...
- El esposo que "construye" la infidelidad de su mujer en la imaginación, para ser infeliz...
- La aspirante a actriz que, evidentemente, no quiere someterse a la prueba de fuego, quizás para no tener que comprobar si realmente tiene talento, y prefiere fracasar de antemano...

Pero existen términos siquiátricos para definir este comportamiento anormal. Sigmund Freud (el Padre del Sicoanálisis) lo llamó "masoquismo moral"; otros especialistas lo han llamado *masoquismo social* y *autopropensión al fracaso*. Pero cualquiera que sea el término que se utilice, echarlo todo por la borda es una actitud sumamente perjudicial... ¡porque es el daño que nos infligimos a nosotros mismos! Y aunque nos cueste trabajo creerlo, es un comportamiento que siguen infinidad de personas en la actualidad:

- **La conducta autodestructiva es tan frecuente que, tal vez en estos precisos momentos, usted mismo se esté haciendo algún tipo de daño y no esté consciente de ello.**

Esta forma especial de *masoquismo emocional* es mucho más sutil e insidiosa que el masoquismo físico (¡Pégame! ¡Insúltame!).

Freud define el *masoquismo moral* como la expresión de sentimientos masoquistas que no se llegan a canalizar por medio de las relaciones sexuales.

- El *masoquista sexual* es el que desea ser golpeado, humillado y maltratado por la persona con la que tiene relaciones íntimas. Según Freud, "la persona que busca castigo por medio del sexo es capaz de triunfar en cualquier otro aspecto de la vida, en cualquier otra actividad". El masoquista físico desea ser castigado por algo, y obtiene ese castigo directamente. Pero una vez alcanzados sus deseos, puede realizar con éxito todas sus actividades diarias. Y según Freud, este tipo de persona es capaz de lograr le felicidad plena, ajena por completo a su aberración.
- En cambio, el *masoquista moral* nunca llega a ser feliz. Cuando una persona sufre este tipo de trastorno emocional, es ella misma quien se hace daño... lo mismo que si se golpeara. El verdugo es su subconsciente. Parte de su mente está en contra suya, asegurándose de que siempre salga mal parada en cuanto proyecto emprenda, que pierda un amor o arruine sus oportunidades de triunfar en la vida. Su finalidad es su propia destrucción.

Esta inclinación inconsciente a la autodestrucción puede anular el más extraordinario de los talentos y arruinar las mejores oportunidades de una vida. Puede hacer de la persona afectada por este trastorno, una verdadera miseria humana... ¡Puede destruir completamente su existencia! Y lo peor de todo es que esa persona no estará consciente de su problema. La vida puede transcurrir plácidamente y, de pronto, una explosión imprevista le avisa que todo va a estropearse, que todo va a fracasar. Y la persona misma es la causante de esa situación, porque es ella misma su peor enemigo. Sin embargo, no se considera culpable de nada de lo que le sucede, sino que siempre le echa la culpa a otro factor: a un familiar, a su jefe, o a la consabida mala suerte. Se engaña... cuando el único elemento negativo en su existencia es ella misma, ¡nadie más!

Analice los conceptos que le he mencionado anteriormente. Póngase como ejemplo o estudie el caso de cualquier otra persona a su alrededor que se lamente amargamente de su mala suerte. "El jefe prefirió darle la promoción a otro, injustamente"... o "El muy malvado me abandonó para irse con la secretaria"... Por lo general escuchamos la versión de la víctima, pero... ¿no tendrán estas personas que fracasan constantemente en la vida algo más de qué culparse? ¿No serán ellas mismas las que se labran su propia infelicidad? En muchos casos, es así. No obstante, jamás se atreva a decirle a un adicto al fracaso (que insiste en culpar de sus catástrofes a elementos adversos) que es él mismo quien está arruinando su vida. La persona que necesita fracasar jamás le dará crédito a sus palabras... y hasta es posible que con sus recomendaciones sólo consiga su enemistad.

PRIMER PASO PARA SUPERAR ESTA ADICCION AL FRACASO: ¡ADMITA QUE SU ACTITUD ES AUTODESTRUCTIVA!

Si se ha convertido usted en un adicto al fracaso, medite por unos instantes. La primera medida para evitar echarlo todo por la borda es reconocer lo que está haciendo. Admítase a usted mismo que siente un deseo compulsivo de fracasar. Usted es víctima de una neurosis que lo hace aferrarse a un patrón de autodestrucción y escepticismo. Y lo peor es que los adictos al fracaso se comportan en esa misma forma destructiva ante cualquier situación que pueda proporcionarles la felicidad que en el fondo anhelan.

¿Cómo podemos determinar si estamos desarrollando una conducta autodestructiva... si nos estamos volviendo adictos al fracaso? A continuación le voy a relacionar algunos ejemplos de los síntomas que presentan comúnmente las personas que se vuelven adictas al fracaso:

- **LA FANTASIA: Soñar con imágenes extraordinarias**

El sujeto se ve con dinero, poder, popularidad, libertad para ir donde le plazca y hacer lo que desee. Cualquier tipo de sueño que culmine con el éxito rotundo puede ser un indicio de que usted está tratando de escapar de la realidad y refugiándose en un mundo que en verdad no existe.

- **LA INCERTIDUMBRE: ¿Logrará el éxito o no...?**

Los adictos al fracaso escogen metas imposibles de lograr o aquéllas que parecen más difíciles. Después se dedican afanosamente a llegar a las mismas. Si tienen que incurrir en gastos extraordinarios, no les importa. Realizan esfuerzos sobrehumanos por alcanzar lo que anhelan. El caso de la joven que alquiló el apartamento solamente para estar cerca del hombre que amaba puede ser un ejemplo de este síntoma. Constantemente la embargaba la incertidumbre de si ese hombre llegaría a casarse con ella, la cual era su meta. Y en su afán de lograrla, disfrutaba con la incertidumbre que la situación difícil le ofrecía y con los esfuerzos que realizaba por su parte.

- **EL RECHAZO PROVOCADO**

Digamos que ya está a punto de ver colmados sus anhelos, de ganar la partida. El hombre a quien ama se dispone a proponerle matrimonio... O su jefe le va a ofrecer una promoción importante... Pero resulta que usted es adicto al fracaso. ¿Qué hace? Sencillamente, provoca el rechazo en esa persona que tiene la clave de su felicidad en la mano. Este rechazo puede lograrse por medio de un silencio prolongado o por una frase insolente. Ante el hombre que ama, una mujer derrotista puede reaccionar con una indiferencia absoluta, por ejemplo. La persona adicta al fracaso siempre encontrará la palabra propicia o la forma de actuar negativamente para provocar ese rechazo que espera, ¡el rechazo que desea porque es el que necesita para fracasar!

- **LA EXPLOSION EMOCIONAL**

Los adictos al fracaso no están satisfechos ni consideran que lo han echado todo por la borda a menos que cuenten a todos la forma injusta en que han sido tratados (por la persona en cuestión, por la vida, por el destino, etc.). Es decir, necesitan llorar y lamentarse con las personas que lo rodean; mostrar su destrucción emocional... en otras palabras. De esa forma piensan ellas que nadie creerá que el fracaso ha sido provocado por ellas mismas. A quienes le presten atención le dirán "José me ha abandonado" o "Mi jefe le dio la promoción a Ignacio, sin tomar en consideración mi talento ni mis años en la empresa". Posiblemente se referirán a "mi mala suerte" o a "las injusticias de la vida". Asimismo, a los verdaderos adictos a la derrota les encanta hacer recuentos de sus fracasos.

¿SE PUEDE EVITAR LA
ADICCION AL FRACASO?

Sí, recapacitando sobre los motivos que podamos tener para desear nuestro propio fracaso. Por ejemplo, desde el primer momento en que conocemos a una persona (y nos interesa con posibilidades sentimentales), sabemos las factores de éxito que tenemos a nuestro favor desde el punto de vista sentimental. Inmediatamente somos capaces de determinar si se trata de alguien que vale la pena porque aportará algo positivo a nuestra existencia, o si es una persona que nos llegará a hacer la vida imposible. La persona que busca su propia destrucción sentirá una especie de magnetismo irresistible hacia ese tipo de individuo que sabe que no le conviene... pero se engañará a sí misma y considerará que ha encontrado el ideal que siempre ha buscado. Tratará de convencerse que se trata de alguien por quien ha esperado toda su vida; luego pensará que sus relaciones marchan a las mil maravillas. Y cuando finalmente sufra el fracaso, jamás admitirá que —desde el mismo principio— todo venía funcionando mal porque la relación estaba condenada al fracaso.

Es importante mencionar que el caso de la adicción al fracaso es más frecuente en las mujeres que en los hombres, y en éstas se trata de un proceso sumamente complejo. Muchas mujeres ni siquiera tienen que buscar hombres mediocres o de personalidad sicópata para satisfacer su tendencia al *masoquismo emocional*. Es decir, con su actitud negativa, ellas mismas pueden transformar al mejor de los hombres en una verdadera bestia humana que les haga la vida imposible y las vaya destruyendo lentamente... como ellas en realidad desean (consciente o inconscientemente).

¿POR QUE UNA PERSONA
DESTRUYE SU PROPIA FELICIDAD?

Estudiando profundamente las motivaciones de los adictos al fracaso, los siquiatras hemos comprobado que en el subconsciente de estas personas se esconde una especie de resorte secreto que realiza los ajustes necesarios para lograr fracasos y derrotas cuando la felicidad está próxima. El derrotismo que muestran algunos individuos se debe al mal funcionamiento de ese mecanismo defensivo que tiene lugar en nuestro cerebro. Veamos:

- En una mente sana, sin indicios de neurosis, existe un sistema de protección instintiva que evita que el individuo realice aquellos actos que no le convienen. Este sistema de defensa inconsciente protege y previene a la persona de todo lo que puede hacerle daño: "No olvides las llaves", "Toma tus medicinas", "No comas ese pastel, porque vas a engordar"... Es como una especie de ángel guardián que induce al individuo a hacer lo que debe y a evitar lo que puede perjudicarlo.

- Los adictos al fracaso están provistos de ese resorte secreto igualmente, sólo que en ellos no cumple su función protectora.

Aun las personas mejor equilibradas en ocasiones pasan por alto (o rechazan) determinadas cosas que podrían beneficiarlas. Sin embargo, su sistema de defensa (ese resorte secreto que le he mencionado) funciona normalmente, eliminando todo aquello que pueda hacerle daño o que no lo complace plenamente. No hay que ser, necesariamente, un adicto al fracaso para rechazar ciertos elementos. Es posible que usted haya terminado unas relaciones sentimentales y que haya puesto fin a otras situaciones negativas en las que se haya visto involucrado. Pero por ello no tiene que considerarse una persona autodestructiva. Probablemente siempre ha tenido una buena razón en qué fundar sus decisiones y su subconsciente lo ha hecho actuar de acuerdo con la forma más apropiada y positiva para su personalidad.

Desde luego, existe una diferencia obvia entre las personas que tiran por la borda algo debido a su carácter enfermizo y las que lo hacen como un ajuste natural del mecanismo de defensa que todos poseemos:

- En este último caso, el individuo equilibrado se siente más feliz, más tranquilo, al finalizar una situación que sabe que es capaz de colocarlo en conflictos difíciles.
- En cambio, el adicto al fracaso cae inmediatamente en la depresión total. No será capaz de tomar decisiones, y si lo hace, se volverá atrás.

Una joven neurótica que muestre estos trastornos de la personalidad, por ejemplo, jamás pondrá fin a unas relaciones amorosas que no le convengan. Permitirá que el hombre se comporte en forma incorrecta con ella, soportará cualquier situación, resistirá acciones de todo tipo. Este estado de cosas es posible que se prolongue por varios meses... y hasta por tiempo indefinido. Y en todo momento la joven se refugiará —llorando por sus problemas— en amigos y familiares. Sin embargo, no es capaz de interrumpir esas relaciones y adoptar una actitud más positiva ante la situación que confronta.

Las personalidades normales, en cambio, aprenden con los golpes. Estos les enseñan a actuar con lógica y ante señales de peligro, inmediatamente escapan hacia situaciones más favorables.

¿A QUE SE DEBE ESTE
TIPO DE NEUROSIS?

Posiblemente a un complejo de culpa que no ha sido debidamente neutralizado. La motivación que se esconde detrás del fracaso es la siguiente:

- "He actuado mal, merezco un castigo".

Si una mujer se enamora de un hombre casado, puede ser víctima de un complejo de culpa, aun cuando no esté consciente de ello. Y aunque aparentemente haga alarde de que su actitud es la propia de la mujer liberada, en el fondo no es más que una mojigata inhibida. Puede llegar a convertirse en la amante de ese hombre casado, pero en el preciso momento en que éste le confirme que va a abandonar a su esposa por ella, sus sentimientos de culpabilidad la destruirán. No puede vivir en paz con ella misma arrebatándole el marido a otra mujer. Por lo tanto, su única solución es fracasar adoptando una actitud que hará que el hombre en cuestión se aleje de ella, definitivamente.

Este complejo de culpa tiene sus raíces en la infancia, desde luego:

- **Diferentes estudios realizados por medio del sicoanálisis han demostrado que los adictos al fracaso tienen sentimientos negativos y confusos hacia sus progenitores desarrollados desde la niñez.**

Algunas veces el conflicto es el resultado del complejo de Edipo desarrollado en la infancia. Este complejo se manifiesta —como sabemos— en el deseo y la necesidad que un niño siente hacia su progenitor del sexo opuesto. Todos los niños pasan por esta etapa, pero algunos no llegan a superarla normalmente. Una mujer puede sufrir la misma neurosis como resultado de relaciones poco satisfactorias con su padre. Un padre violento, o que se ausente con frecuencia del hogar, puede causar grandes trastornos emocionales a su hija, aun cuando ésta sea pequeña. Asimismo, los niños que sufren algún tipo de maltrato durante el período en que aprenden a relacionarse con los adultos (ya sean hombres o mujeres) a menudo crecen con la incapacidad para mantener relaciones sexuales normales. Algunas veces no pueden tener vida sexual alguna; otras, se esfuerzan por destruir sus relaciones amorosas; es decir, arruinan sus vidas manteniendo únicamente "relaciones imposibles".

¿EN QUE FORMA PUEDE
AYUDARSE A ESTOS INDIVIDUOS
ADICTOS AL FRACASO?

El método del sicoanálisis parece ser la respuesta, pero es preciso proceder con mucha cautela ante este tipo de neurosis. Hay que tener presente que la autopropensión al fracaso es, ante todo, un proceso de protección (según he explicado anteriormente). Los individuos autodestructivos son neuróticos difíciles. Actúan de la misma manera en que pudiera hacerlo un asesino compulsivo:

- Satisfacen sus necesidades de sadismo-masoquismo espiritual con una brutalidad directa, sin compasión. Son sicópatas que no resultan peligrosos a la sociedad en que viven porque ellos mismos se convierten en las víctimas de las agresiones que realizan.

Pero sí son capaces de llegar a cualquier extremo con ellos mismos. Por ello, el especialista no puede abandonar al paciente a su suerte, con las ansias de destruirse que lleva dentro. En un punto crítico del tratamiento por medio del sicoanálisis, el paciente se hará consciente de sus problemas y sacará a flote sus ansias sadistas. Lo importante es guiar al neurótico hacia la superación de esos sentimientos primitivos de destrucción sin permitirle que los esconda por más tiempo valiéndose de sus fracasos.

Esto significa que el Siquiatra debe escudriñar las zonas más recónditas del subconsciente, donde se encuentran los deseos negativos (llamémosles devoradores, perjudiciales). Una vez que el paciente adquiere consciencia y reconoce estos instintos que lo llevan hacia la autodestrucción, entonces el Siquiatra puede llegar a disminuir la intensidad de los mismos. Por lo general:

- Si la neurosis comienza a ser superada, el individuo afectado por la autodestrucción llega a progresar y a convertir sus inclinaciones perjudiciales en fuentes de ternura y amor maduro, hacia él mismo y hacia los demás.

El sentimiento de culpabilidad y de temor inconsciente se irá debilitando progresivamente, y el paciente podrá llegar a amar normalmente... y a triunfar en sus relaciones con los demás.

CONSIDERE, ADEMAS...

¿ES USTED ADICTO
AL FRACASO?

Los individuos que son adictos al fracaso pocas veces admiten que sufren serios desajustes y trastornos de la personalidad. Los reveses se los atribuyen a la mala suerte o a las personas con las que se relacionan. Esta convicción es uno de los elementos más negativos que influyen en su enfermedad emocional y se halla entre los elementos más difíciles que deben vencer los siquiatras que los tratan.

Para determinar si usted padece de adicción al fracaso —o si su personalidad sufre de algún desajuste que pudiera llevarlo a conflictos difíciles— sométase a esta prueba. Es preciso que sea sincero con usted mismo. Inclusive, antes de responder cada una de las diez preguntas que le presento a continuación, medite. Quizás al pensar detenidamente sobre la intención y las implicaciones de la pregunta pueda ofrecer una respuesta más objetiva y franca.

- ¿Presenta problemas digetivos y, sin embargo, sigue una alimentación errática... lejos de ser la alimentación balanceada que recomiendan los especialistas?
- ¿Pesa 15 kilos de más, y todavía no ha optado por una dieta que le permita controlar su peso?
- ¿Todos los jefes que ha tenido hasta ahora han resultado ser incapaces de apreciar sus verdaderos valores?
- Las personas a las que ha amado en la vida, ¿no lo han hecho feliz... o lo han abandonado?
- ¿Duerme más de la cuenta... aun cuando está consciente de que se avecina una situación de conflicto?
- ¿Su ropa no le dura mucho, porque se le rompe o se le mancha accidentalmente?
- ¿Considera que todas las personas con quienes convive muestran una actitud hostil hacia usted?
- ¿Con frecuencia sueña que es una persona famosa?
- Si alguien le hace ver que ha cometido un error, se siente humillado.

- A veces sostiene relaciones íntimas con su cónyuge sin observar ningún método anticonceptivo... ¿aun sabiendo que éste es el peor momento en su matrimonio para tener un hijo?

ANALISIS

- **Si de las diez preguntas anteriores ha marcado usted UNA**, puede considerar que su personalidad es bastante normal, estable. Todos, en un momento dado, podemos dar rienda suelta a nuestras debilidades.
- **En el caso de que haya marcado DOS preguntas**, usted tiene un marcado desajuste de la personalidad. En otras palabras, existe en usted cierta propensión hacia la adicción al fracaso. O bien necesita la ayuda profesional, o debe enfrentarse usted mismo a la realidad y tomar las medidas que se requieran para superar la situación en la que ahora se halla.
- **¿Ha marcado TRES preguntas?** Necesita ayuda siquiátrica, y rápidamente. Usted, decididamente, ha desarrollado ya una adicción al fracaso. Busque una solución inmediata a la situación en que se halla actualmente.

¿ESTA USTED SIGUIENDO UN PATRON AUTODESTRUCTIVO?

Es posible que usted también esté siguiendo un patrón autodestructivo, el cual se puede caracterizar por los siguientes elementos:

- Se acerca, con propósitos sentimentales, a personas que siempre lo desengañarán.
- Se interesa en individuos que —de antemano— sabe que le harán sufrir.
- Busca el afecto o el amor de personas que no son capaces de ofrecerle lo que usted necesita... ¡y usted está consciente de ello!

Por supuesto, todos los seres humanos podemos sufrir un desengaño amoroso y estar expuestos a enamorarnos de personas neuróticas, intolerables. Pero el verdadero adicto al fracaso, la persona que tiene un grado de masoquismo emocional, insiste en llegar al final de su autodestrucción. Es más, si analizáramos bien la vida de estos individuos, comprobaríamos que en la misma hay por lo menos cinco o seis fracasos grandes... ¡y todos provocados por ellos mismos!

CAPITULO 20

¿COMO EVITAR LA ADICCION AL TRABAJO?

Si el trabajo se ha convertido en la motivación más importante en su vida, ¡está equivocado! Esa compulsión por "trabajar más", "ser más productivo", "hacerlo todo mejor", y "ser más rápido y eficiente" puede estar afectando seriamente su salud... y limitando su felicidad, desde luego. ¡Escape cuanto antes de esta adicción que puede enfermarle! **¡SEA SU PROPIO SIQUIATRA...** y siga las recomendaciones prácticas que le ofrezco en este capítulo!

Hay personas que, debido a diferentes factores, se convierten en verdaderos adictos al trabajo; es decir, consideran que todo en la vida es secundario con respecto al trabajo... y a este tipo de individuo lo encontramos desempeñando las ocupaciones más disímiles y en todas las clases socio-económicas. Por supuesto, la adicción al trabajo (como sucede con todas las adicciones) es muy negativa y en la inmensa mayoría de los casos llega a afectar la salud de la persona. ¿Es usted adicto al trabajo? Sométase a esta pequeña prueba sicológica y responda SI o NO a cada una de las siguientes preguntas:

1. Todos los días me levanto muy temprano; levantarme temprano es una compulsión que no puedo evitar.

❒ SI ❒ NO

2. Cuando como a solas, por lo general aprovecho el tiempo leyendo, viendo las noticias en la televisión, o haciendo algún trabajo menor.

❒ SI ❒ NO

3. Como siempre tengo tantas cosas pendientes, prefiero hacer listas... De esta manera evito los olvidos. ¡Los olvidos son tan frustrantes!

❒ SI ❒ NO

4. No puedo estar tranquilo cuando no tengo nada que hacer; no me gusta perder mi tiempo.

❒ SI ❒ NO

5. Soy una persona que me considero cargada de energías y altamente competitiva. Me gusta ser el mejor en todo lo que intento hacer...

❒ SI   ❒ NO

6. A veces me veo obligado a trabajar durante los fines de semana; también en algunos días de fiesta. Es mi manera de "ponerme al día".

❒ SI   ❒ NO

7. Considero que el trabajo es una actividad tan importante para el ser humano, que puedo trabajar a cualquier hora, y en cualquier parte...

❒ SI   ❒ NO

8. A veces me es difícil tomar vacaciones, pero muchas personas no lo comprenden. Lo que sucede es que por lo general estoy involucrado en proyectos muy importantes, y no quiero interrumpirlos...

❒ SI   ❒ NO

9. Cuando alguien me habla de jubilarme, me siento ofendido. ¿Por qué? Porque considero que estoy viviendo mis años de mayor actividad productiva, y no quiero perderlos inútilmente. Tengo la edad para retirarme y las posibilidades económicas para hacerlo, pero aún no pienso en la jubilación...

❒ SI   ❒ NO

10. ¡La realidad es que disfruto mucho todo lo que hago! El trabajo no es una carga pesada para mí, sino un verdadero placer...

❒ SI   ❒ NO

Si usted responde afirmativamente a ocho de las diez preguntas anteriores, lo más probable es que haya desarrollado una adicción al trabajo.

¿QUE FACTORES PUEDEN INFLUIR EN QUE USTED SE HAYA VUELTO ADICTO AL TRABAJO?

Son muchos los factores que pueden activar el mecanismo de la adicción al trabajo en el ser humano. Por ejemplo:

- Un padre (o una madre) demasiado exigente que siempre ha demandado del niño precisión y rapidez (Compláceme, apúrate, trabaja más, sé perfecto... son ésas —casi siempre— las motivaciones de este tipo de persona una vez que alcanza la edad adulta).

- Ese padre muy exigente, y la sociedad en general, premia al niño por el comportamiento compulsivo que desarrolla de hacerlo todo bien, y con la rapidez que se espera de él.
- A medida que el niño va creciendo, comienza a destacarse en la escuela... también por su dedicación a los estudios. Los maestros lo aplauden por esa actitud positiva que invariablemente muestra; sus calificaciones son casi siempre excelentes. Los padres, por supuesto, están altamente complacidos con el éxito del niño en sus estudios, y lo premian por sus logros.
- Una vez adulto, ese deseo de continuar haciéndolo todo mejor, y con más rapidez, continúa prevaleciendo. Los jefes aprecian, nuevamente, la dedicación del individuo al trabajo, y lo premian (con bonos, ascensos, ofreciéndole posiciones más importantes, confiándole trabajos de mayor responsabilidad, etc.).

Las personas adictas al trabajo se hallan siempre sometidas a altos niveles de estrés, evidentemente... y la mayoría desarrolla problemas de salud, precisamente por exigirse más de lo que en realidad muchas veces pueden dar. Debido a las consabidas "presiones del trabajo", no observan una dieta equilibrada, llevan un estilo de vida sedentaria ("no tengo tiempo para hacer ejercicios"), y se convierten en candidatos seguros a sufrir de hipertensión, enfermedades cardiovasculares, desgano sexual, úlceras, y muchas otras condiciones que son generalmente causadas por el estrés y los estados de ansiedad.

Lo que muchos adictos al trabajo no son conscientes es de que, en verdad, a pesar de la inteligencia altamente desarrollada que casi todas las personas adictas al trabajo tienen, presentan un alto grado de ineficiencia en las actividades que realizan. Precisamente por tratar de "hacerlo todo a tiempo", y "mejor", muchas veces sus esfuerzos van más allá de los límites normales, y con frecuencia cometen errores que pueden ser muy grandes y costosos para las compañías para las que trabajan. Además, en medio de la satisfacción personal que reciben al poder cumplir en una forma tan eficiente con sus obligaciones, el adicto al trabajo está consciente de las limitaciones que se está imponiendo a sí mismo en su vida personal: se niega disfrutar de su tiempo libre, no es capaz de relajarse, le resulta imposible mantener relaciones armónicas con su familia y amigos, y no sabe cómo cuidar debidamente su salud. Como consecuencia de este análisis, con frecuencia los adictos al trabajo viven frustrados y desarrollan un nivel elevado de amargura que son incapaces de canalizar constructivamente

¡CUATRO NIVELES DE ADICTOS AL TRABAJO!

Hay cuatro niveles para clasificar a la persona que desarrolla una adicción al trabajo:

1
EL CUARTO NIVEL

A este nivel pertenecen todas las personas que tienen el tipo de *personalidad A* considerado en Sicología; es decir, son individuos altamente competitivos debido casi siempre a grandes inseguridades que existen en su formación, de las que pueden estar (o no estar) conscientes. A veces su compulsión por triunfar en todas las actividades que emprenden, y su grandiosidad, rayan en la hostilidad flagrante.

Por estadísticas, el promedio de vida de estas personas que están sometidas a niveles tan elevados de estrés es inferior al de la persona normal; en muchos casos, mueren de enfermedades cardíacas. Además, a pesar de los "éxitos personales" que pueden obtener por su "dedicación al trabajo", se sienten terriblemente frustradas e infelices. No, las personas adictas al trabajo que se hallan en este nivel, difícilmente pueden modificar su manera de ser... a menos que su salud se vea seriamente afectada (que sufran un ataque al corazón, por ejemplo), y no tengan otra alternativa que modificar su estilo de vida, radicalmente.

2
EL TERCER NIVEL

Los adictos al trabajo que pertenecen a este nivel con frecuencia están asaltados por dudas e incertidumbres. Quieren cumplir sus "obligaciones" con rapidez y eficiencia, pero en el proceso dudan de si ésta es la actitud correcta que deben tomar ante la vida y el trabajo. Cuando su adicción al trabajo los lleva a cometer un error importante en sus relaciones con los demás (especialmente con su familia), se cuestionan si debieron haber actuado de otra manera.

Por ejemplo: si el adicto al trabajo dejó de llevar a su hijo a un juego de fútbol, o si no pasó con su familia toda la semana de vacaciones en la playa ("porque no puedo faltar al trabajo; mi presencia en la oficina es indispensable"), después se preguntará a sí mismo si debió haber actuado de otra manera. Estos individuos también admiten la crítica de aquellas personas a las que respetan. En ocasiones, logran poner en equilibrio su trabajo con su vida personal, pero deben hacer un esfuerzo grande en el intento.

3
EL SEGUNDO NIVEL

Este tipo de persona adicta al trabajo siempre se halla en conflicto. ¿Por qué? Pues porque está consciente, en todo momento, de que su comportamiento compulsivo está equivocado. No obstante, su formación y su entrenamiento de niño a "ser perfecto" aún pesa mucho en todas las actividades que realiza. Por una parte quiere disfrutar de la vida y comprende que el trabajo representa una forma de obtener ingresos para vivir, además de que está consciente de que no se puede "vivir para trabajar". Sin embargo, no puede evadir lo que él mismo califica como "disciplina" y "concepto del deber", y se entrega a largas horas de trabajo... aunque siempre dispuesto a enmendar su conducta. Esta persona, por ejemplo, en un momento determinado es capaz de decidir que no va a contestar el teléfono porque va a disfrutar de un buen programa de televisión, o de una buena lectura que ha pospuesto indefinidamente. Pero apenas escucha el timbre, interrumpe la actividad placentera en la que se halla involucrado para atender a "sus obligaciones". También debe hacer un esfuerzo grande para equilibrar su vida laboral con su vida personal.

4
EL PRIMER NIVEL

Es el nivel más benigno de esta adicción tan negativa y peligrosa para la salud. Los factores que han desarrollado en este individuo la adicción al trabajo pueden ser muy fuertes y definidos; por ello, es incapaz de negarse a realizar un trabajo determinado, y siempre está aceptando "nuevas responsabilidades"... aunque las mismas impliquen limitaciones adicionales para su vida personal. Sin embargo, como está consciente de que su actitud es equivocada, en un momento determinado sabrá detenerse en esa carrera vertiginosa que ha emprendido hacia una meta indefinida, y tomará verdadero control de su vida y de todas sus actividades. Cuando llegue a esa fase crítica sabrá definir que hay "momentos para el trabajo", durante los cuales se debe ser muy responsable y disciplinado; pero también hay "momentos muy personales", de placer y descanso, en los cuales no deben interferir en forma alguna las obligaciones del trabajo.

¿PUEDE CURARSE LA ADICCION AL TRABAJO?

Por supuesto, es difícil... porque el arraigo de los conceptos inculcados durante la niñez muchas veces prevalecen durante toda la vida. En ocasiones, es necesario obtener la ayuda profesional (del Sicólogo o Siquiatra) para neutralizar los complejos de culpa que se pueden desarrollar cuando la persona siente que no está cumpliendo con lo que se espera de ella, y defraudándose a sí mismo en el proceso de dedicar determinados momentos de su vida a las cuestiones personales. Pero mientras se obtiene esa ayuda profesional, hay una serie de recomendaciones que pueden tomarse en consideración. Considérelas:

- En primer lugar, la persona adicta al trabajo debe estar consciente de que no es ella en sí la que está mal, sino la forma en que realiza su trabajo (su metodología está equivocada, no su motivación). Si se acepta esta realidad, es más fácil hacer ajustes en la forma de trabajar para dedicar cada vez más tiempo a actividades personales.
- Es importante, también, estar conscientes de que la capacidad humana es limitada, y que el cuerpo no puede ser forzado más allá de ciertos límites. Por lo tanto, aprenda a decir NO... y no acepte más responsabilidades de las que realmente pueda asumir. Sea muy realista al hacer sus evaluaciones, y esté dispuesto a sacrificar beneficios materiales por proteger su salud (física y mental).

- Aprenda a trabajar en equipo; hay muchos trabajos que pueden ser realizados en una forma más eficiente cuando varias personas participan simultáneamente en un mismo proyecto.
- Es importante, también, saber delegar... especialmente si se ocupan posiciones directivas. Dirigir significa saber organizar el trabajo en la forma en que éste pueda ser realizado productivamente; no quiere decir que la persona que dirige tenga que hacerlo por sí misma.
- Impóngase un horario de trabajo diario; ¡cúmplalo estrictamente!
- No deje de interrumpir sus actividades diarias en un momento dado, y tome religiosamente su hora de almuerzo. Dedique el tiempo libre entre una sesión de trabajo y otra para comer, caminar, pensar, ir de compras... ¡pero no para trabajar!
- No lleve trabajo para su casa; tampoco cargue con usted las preocupaciones del trabajo. Aprenda a compartimentar sus actividades: en la oficina (o centro de trabajo), usted realiza las actividades que son recompensadas con dinero, el cual es indispensable para vivir; en la casa realiza sus actividades personales, que también son recomepensadas con la satisfacción de saber que está haciendo algo por usted mismo, lo cual es igualmente indispensable para vivir.
- Disfrute al máximo sus fines de semana (o sus días de descanso). Involúcrese de lleno en las actividades personales... o, inclusive, no haga nada...
- Desarrolle un *hobby* o pasatiempo; dedíquele tiempo. Puede ser la música, la lectura, la numismática, la filatelia, el coleccionar antigüedades...
- Duerma las horas que necesita su cuerpo; no permita que las preocupaciones de lo que le queda por hacer afecte su sueño.
- Periódicamente, dedique el tiempo necesario para visitar a su médico. Después, cumpla sus recomendaciones.
- Aprenda técnicas de relajación; son muy sencillas y pueden hacer mucho por su salud. Especialmente, le ayudarán a poner en la perspectiva adecuada lo que ahora usted considera que son "responsabilidades ineludibles de trabajo".
- Tome vacaciones, periódicamente. Planifíquelas con el tiempo necesario para que sean lo más satisfactorias posibles.
- Además de compartir el tiempo libre con su familia, dedíquese un tiempo especial para usted mismo... Es su "tiempo privado", y haga con él lo que mejor estime conveniente.

- Finalmente, a veces la persona no tiene otra alternativa que volverse adicta al trabajo, precisamente porque tiene un jefe que ya ha desarrollado esta adicción. Son esos jefes exigentes en extremo, que nunca están satisfechos con la producción de sus empleados, y que siempre esperan más productividad y eficiencia a su alrededor. Cuando se trabaja para una persona con este tipo de actitud, no hay duda de que la situación puede ser difícil... y muy compleja. En esos casos, una conversación con el jefe en cuestión puede ayudar a colocar las obligaciones del trabajo en la perspectiva correcta. En la mayoría de las ocasiones, lamentablemente, la única alternativa es obtener un traslado para otra posición... o inclusive buscar un nuevo empleo. En todo caso, considere que su salud vale más que satisfacer las exigencias sin límites de una persona para la cual el trabajo se ha convertido en la motivación principal en su vida.

CAPITULO 21

¡ESA COMPULSION
PUEDE SER ADICCION!
¡CONTROLELA!

El esfuerzo por controlar la producción y consumo de las drogas, a nivel internacional, es formidable. Sin embargo, la situación también puede ser controlada en su mismo punto de origen: ¡evitar que se produzca la adicción en el individuo!

Sin que en forma alguna tratemos de restarle valor a todos los adelantos y logros científicos y tecnológicos formidables que ha logrado el mundo, no por ello podemos negar que la sociedad moderna se enfrenta hoy en día a un número considerable de peligros que la amenazan: la existencia de enfermedades tan difíciles de controlar como son el cáncer y el SIDA, la contaminación del medio ambiente, la inestabilidad política, el peligro constante de que surjan guerras devastadoras, los ataques terroristas, las oscilaciones financieras, el desempleo... y, también, el incremento alarmante de los índices de la adicción a las drogas y a otras sustancias entre un número cada vez mayor de personas. A pesar de todas las medidas que se toman para controlar esta situación crítica, las estadísticas a nivel internacional demuestran que cada día crece más el número de personas que, debido a su nivel de dependencia a una sustancia, pueden considerarse adictas. Estos individuos, muchas veces sin darse cuenta exactamente de lo que está sucediendo en sus vidas, van hundiéndose cada vez más profundamente en esta enmarañada red que succiona sus ingresos y consume su salud física y mental, hasta convertirlos en verdaderos despojos humanos o llevarlos hasta la muerte. Esta red, tejida por el propio individuo con su actitud autodestructiva, se denomina ADICCION... con mayúsculas.

Pero... ¿qué es la adicción? La **Asociación Médica de los Estados Unidos**, por ejemplo, define escuétamente el término como

- **"la dependencia fisiológica —y también sicológica— en una sustancia química".**

Hasta hace sólo unos cuantos años, la adicción era considerada básicamente como un problema social, que llevaba a una conducta inmoral y hasta delictiva. Sin embargo, como resultado de múltiples estudios que se han venido realizando en este complejo campo de la "dependencia fisiológica y sicológica", hoy se ha llegado a la conclusión de que:

- **La adicción es en verdad una enfermedad crónica, de la cual el paciente no puede escapar con la facilidad que a veces pensamos que sería lo natural.**

Los síntomas esenciales de esta enfermedad podrían resumirse en el más significativo de todos: la dependencia absoluta a una sustancia. Pero son muchas las sustancias que causan adicción, tantas que conforman una amplia lista: desde la cafeína y la nicotina, hasta el alcohol, el opio y sus derivados, las anfetaminas, los barbitúricos, la marihuana. Hay incluso Sicólogos que consideran que el término adicción puede extenderse no solamente a la dependencia más o menos absoluta a las sustancias señaladas anteriormente, sino también a niveles marcados de dependencia a actividades como pueden ser:

- El sexo.
- Comer.
- El juego.
- La práctica de ejercicios.
- Las compras.

Por supuesto, todas estas actividades constituyen una adicción cuando se ejecutan en una forma obsesiva, y en medida tal que lleguen a afectar los hábitos normales del individuo, impidiéndole que funcione adecuadamente en la sociedad, y a veces autodestruyéndolo.

¿QUIENES SE VUELVEN ADICTOS?

Los especialistas que se han dedicado al estudio de la adicción se han preocupado mucho por determinar cuáles son las causas que originan esta condición, y por qué algunos individuos son más propensos que otros a volverse adictos. Obtener resultados concluyentes en estas investigaciones permitiría tomar precauciones a tiempo en los llamados *grupos de riesgo* (personas que presentan una predisposición natural a la adicción), evitando a tiempo las terribles consecuencias que ello reportaría para su organismo y su estabilidad emocional. Pero, realmente, hacer un retrato del individuo adicto resulta inútil y —hasta cierto punto— anticientífico, ya que son demasiados los factores que deben conjugarse para conformar un cuadro de adicción, en el que se combinen tanto las características externas como las internas. Entre estos podríamos citar:

- La personalidad del individuo; es decir, la suma de sus tendencias, hábitos, y experiencias.
- El medio natural y social en que ese individuo se ha desenvuelto (y se desenvuelve).
- Su aceptabilidad biológica.

En la década de los años cincuenta, un grupo de destacados siquiatras estructuró un conjunto de características o rasgos que se agruparon bajo el concepto de "desajuste preadictivo de la personalidad". No obstante, el establecimiento de este patrón fue muy esquemático, y no dio los resultados positivos que se esperaban para prevenir situaciones de adicción, limitándose al diagnóstico de las causas de la adicción ya declarada.

Si le preguntásemos a los propios adictos sobre la causa que los impulsó a caer en la dependencia a una sustancia, encontraríamos explicaciones como éstas: "Una infancia desafortunada", "un matrimonio desgraciado", "dificultades para funcionar normalmente en la sociedad", etc. Es cierto que en la mayoría de los casos de adicción podremos encontrar en la base del problema situaciones similares o parecidas, pero no constituyen en forma alguna la única causa del fenómeno. De lo contrario, todos los divorciados serían adictos, y todos los que no tuvieron una niñez feliz estarían refugiados en el consumo de sustancias nocivas, y los deprimidos o rebeldes se entregarían a cualquier tipo de adicción para canalizar sus emociones negativas.

¿Otras posibles causas de la adicción?

- Quizás un elemento decisivo en la cadena de posibles causas sea el factor químico, y en esa dirección se vienen desarrollando profundos estudios desde hace ya bastantes años, para determinar y localizar el efecto de algunas sustancias sobre los llamados *centros del placer* en el cerebro.
- Y no faltan los especialistas que consideran que también hay que tomar en consideración los factores genéticos que pueden determinar la personalidad adictiva en determinados individuos... pero la realidad

es que las investigaciones en este sentido se hallan aún en fases muy preliminares, y cualquier hipótesis al respecto podría ser sumamente precipitada.

EL ALCOHOL:
LA ADICCION MAS ANTIGUA

El alcohol es, sin lugar a dudas, la más antigua de las sustancias a las que el hombre se ha vuelto adicto. Desde tiempos inmemoriales, el hombre ha destilado y elaborado esta sustancia como un medio de obtener artificialmente alegría, aliviar el cansancio provocado por el trabajo diario, y —de alguna manera— alejarse de los problemas de la vida cotidiana... pero también ha abusado de ella, convirtiendo el alcohol en una de las sustancias más dañinas para la salud.

Todos conocemos los efectos del alcoholismo, considerado actualmente como una enfermedad que —desde el punto de vista médico— se caracteriza por el consumo excesivo de alcohol (en una forma compulsiva y habitual), así como por el desarrollo de los llamados *síntomas de retirada,* una vez que el individuo adicto no tiene acceso a la sustancia que le es necesaria, física y sicológicamente.

De acuerdo con estadísticas compiladas por la **Organización Mundial de la Salud (OMS)**, se estima que:

- En la actualidad 1 de cada 50 personas desarrolla una dependencia al alcohol (en mayor o menor grado).
- Esta dependencia se desarrolla en cuatro fases principales, las cuales pueden tomar un promedio de diez años en total:
  1) la fase de tolerancia;
  2) la fase del olvido de lo sucedido mientras se consumía el alcohol;
  3) la fase de la pérdida del control causada por el alcohol; y
  4) las complicaciones físicas y mentales que son provocadas por la intoxicación con esta sustancia.

Después de ingerido, el alcohol es rápidamente absorbido por el torrente sanguíneo (que lo circula por todo el cuerpo), y por supuesto llega al cerebro como centro de nuestro sistema nervioso. La reacción inicial es la pérdida de las inhibiciones, el relajamiento, la euforia artificial. Pero pronto sigue la disminución de la atención, de la capacidad de concentración, y de la percepción. El abuso del alcohol, y la adicción a éste, provoca enfermedades digestivas (náuseas, vómitos, dolores abdominales, calambres); debilidad en las piernas; pulso irregular; cirrosis hepática; incontinencia; estados de confusión y pérdida de la memoria... además de trastornos de la personalidad severos, que hacen que el individuo se manifieste irritable, violento, y agresivo.

También los efectos destructivos de la adicción al alcohol sobre los futuros hijos son ampliamente conocidos por la Medicina desde hace ya bastante tiempo: los hijos de padres alcohólicos pueden nacer con deformaciones físicas congénitas o con defectos de nacimiento, como son la sordera, ceguera, daños cerebrales, etc. Asimismo, sus vidas se encuentran en riesgo en mayor medida que la de los niños de padres no alcohólicos, pues son más susceptibles a contraer enfermedades infecciosas como consecuencia de las deficiencias desarrolladas en sus sistemas inmunológicos. En resumen, el individuo alcohólico no sólo es irresponsable consigo mismo, sino también con su descendencia.

OTRAS SUSTANCIAS ADICTIVAS
Y SUS EFECTOS

Si quisiéramos establecer una correspondencia exacta entre cada una de las sustancias y la reacción que provoca en los individuos que la consumen en forma adictiva nos apartaríamos de la realidad, porque en cada uno de ellos la respuesta es distinta. En otras palabras:

- Cada adicto responde al suministro de la sustancia deseada de una forma diferente... como imprimiéndole a la adicción un toque individual.

Incluso en una misma persona, la reacción ante la droga no es siempre la misma; generalmente evoluciona junto con la enfermedad, y la dosis que en los inicios producía la reacción ansiada, después necesita ser mucho más elevada para lograr el mismo efecto, o debe cambiarse la forma o vía de suministro (este proceso recibe el nombre de *tolerancia).*

No obstante, a pesar de la diversidad de reacciones y de su modificación con el tiempo, pueden establecerse líneas generales de conducta de los adictos, partiendo de aquéllas que se observan con mayor frecuencia.

- **HEROINA.** Se trata de una droga narcótica que es derivada de la morfina, una sustancia que es extraída de las vainas de la amapola opiácea. La heroína es un polvo blanco o de tonalidad ligeramente marrón, el cual puede ser fumado, inhalado, o disuelto en agua e inyectado. Su nombre químico es *diacetilmorfina.* La adicción a la heroína es un verdadero problema en muchas regiones del mundo, causando consecuencias sociológicas y económicas de proporciones inmensas. **Sus efectos:** además de sus propiedades analgésicas, la heroína produce una sensación de calor, tranquilidad, y somnolencia que hace que la persona pierda todo interés en lo que pueda estar sucediendo a su alrededor. Asimismo, desarrolla abscesos en la piel, pierde peso, se vuelve sexualmente impotente, y sus riesgos a contraer enfermedades infecciosas (como la hepatitis B y el SIDA) son mayores, debido al uso compartido de agujas hipodérmicas contaminadas. Al ser usada por largos períodos de tiempo, el individuo llega a desarrollar tolerancia a la sustancia, lo que hace que requiera dosis mayores para obtener los mismos efectos. Al dejar de usarla, se producen los síntomas de la retirada, los cuales pueden ser severos: diarreas, vómitos, calambres, convulsiones, insomnio, y un estado de inquietud general. Por lo general el adicto que no recibe tratamiento muere debido a una sobredosis.
- **COCAINA.** Es una droga que se obtiene de las hojas de la coca, una planta originaria de la América del Sur. En una época fue usada como anestésico, casi siempre para operaciones quirúrgicas menores en los ojos, los oídos, la nariz, o la garganta (inclusive en la actualidad se emplea antes de pasar el endoscopio a los pulmones o al estómago). Sin embargo, debido al abuso que se hace de esta sustancia, apenas es utilizada en la actualidad. La cocaína constriñe los vasos sanguíneos, y una vez que es absorbida por el torrente circulatorio, interfiere con la acción de los neurotrasmisores químicos en el cerebro, provocando falsos sentimientos de euforia y energía. Los adictos la inhalan, lo cual puede dañar las membranas que recubren la nariz. Además, su uso continuado desarrolla dependencia sicológica, así como sicosis. La sobredosis de cocaína puede provocar un paro cardíaco, y la muerte instantánea del individuo.
- **CRACK:** Es una forma más purificada de la cocaína, y su efecto es más rápido e intenso, aunque desaparece también en un período de tiempo más corto.
- **NICOTINA:** Es una droga que se halla en el tabaco, y la cual actúa como un estimulante en el ser humano, lo que hace que se desarrolle

una dependencia en ella. No tiene uso médico alguno, aunque algunos de sus derivados son empleados como pesticidas. Al ser inhalada, la nicotina en el tabaco pasa inmediatamente al torrente circulatorio, actuando principalmente en el sistema nervioso autónomo, que es el que controla las actividades involuntarias del cuerpo (el ritmo del corazón, por ejemplo). **Sus efectos:** los efectos de esta droga varían de una persona a otra, de acuerdo con la frecuencia con que sea utilizada, y las dosis: en una persona que no está acostumbrada a usarla, puede disminuir el ritmo cardíaco y provocar náuseas y vómitos; en los fumadores habituales, no obstante, incrementa el ritmo cardíaco, constriñe los vasos sanguíneos (lo cual aumenta la presión arterial), y estimula el sistema nervioso central, lo que hace que se reduzca la fatiga, que se mejore la capacidad de concentración, y que el individuo se mantenga más alerta. Estos supuestos beneficios de la nicotina son los que engañan a muchas personas, ya que cuando se fuma habitualmente, la persona desarrolla tolerancia a la sustancia, lo que significa que debe aumentar las dosis con frecuencia para obtener el mismo efecto. Y, desde luego, la nicotina causa enfermedades cardíacas, además de que el hábito de fumar influye asimismo en el desarrollo de tumoraciones cancerosas (principalmente en los pulmones y en la cavidad bucal) y en la incidencia de las enfermedades cardíacas.

- **MARIHUANA:** Es el nombre que se le da a las hojas y a las floraciones superiores de la planta *Cannabis sativa.* Contiene un ingrediente activo llamado *tetrahidrocannabinol,* el cual también puede ser encontrado en la resina de la cannabis, conocida con el nombre de *hashish.* Sus hojas trituradas son fumadas (lo más frecuente), aunque también pueden ser tomadas en forma de té, o inclusive con los alimentos. **Sus efectos:** Los efectos de la marihuana, al ser fumada, se producen en cuestión de minutos, y pueden prolongarse hasta por una hora (o más). Al ser bebida, sus efectos tardan aproximadamente media hora en producirse, pero se prolongan por tres y hasta cinco horas: resequedad en la boca, enrojecimiento en los ojos, torpeza en los movimientos, aumento en el apetito. El adicto a la marihuana siente un falso bienestar y una tranquilidad especial, aunque con frecuencia se manifiestan episodios de depresión profunda. Las dosis mayores provocan estados de pánico, temor a la muerte, alucinaciones, confusión, y otros síntomas que desaparecen en el transcurso de varios días. Las personas que la consumen habitualmente, por lo general desarrollan un estado de apatía e indiferencia. Sus ingredientes activos, por supuesto, desarrollan dependencia física.

- **ANFETAMINAS:** Son drogas estimulantes que estimulan la secreción de sustancias químicas por las terminaciones nerviosas (neurotrasmisores), como la *norepinefrina,* las cuales incrementan la actividad nerviosa en el cerebro y hace que la persona se mantenga alerta. **Sus efectos:** En dosis elevadas, producen temblores, sudoración, palpitaciones, ansiedad, y dificultad para conciliar el sueño. También las anfetaminas pueden provocar alucinaciones, hipertensión, y convulsiones. Usadas habitualmente desarrollan tolerancia en el organismo (se necesitan dosis mayores para obtener el mismo efecto) y dependencia física.
- **BARBITURICOS:** Se trata de un grupo de drogas sedantes que deprimen la actividad en el cerebro, por lo que se emplean para neutralizar los estados de ansiedad, como anticonvulsivos, y para inducir el sueño. **Sus efectos:** Producen, no obstante, somnolencia y——en algunos casos— irritabilidad. Si se usan por más de cuatro semanas, desarrollan dependencia y, con mucha frecuencia, la tolerancia (se requieren dosis mayores para provocar el mismo efecto).

UNA RESPUESTA AL PROBLEMA

La adicción a todas estas sustancias, lamentablemente, aumenta por día, ganando terreno en las filas de la juventud, que resulta la menos preparada y responsable para combatirla. Un estudio realizado en los Estados Unidos y Canadá reportó que de un grupo de 7,000 alcohólicos:

- El 3% de los mismos tenía menos de 20 años de edad;
- el 18% estaba comprendido entre los 21 y los 30 años de edad.

Esta situación empeora cada vez más pues —según la opinión de los especialistas— en cada nueva investigación disminuye el promedio de edad de los adictos, y al mismo tiempo se incrementa el número de éstos. En los índices de adicción a otras sustancias ajenas al alcohol, el promedio de jóvenes adictos también alcanza niveles alarmantes.

El problema crece, y ante este fenómeno mundial, muchas organizaciones internacionales y regionales realizan esfuerzos de todo tipo para controlar la producción de estupefacientes, así como el consumo de los mismos. La información y educación pública se ha ampliado a todos los sectores de la población, y la Ciencia hace todo lo posible por neutralizar la situación en su mismo punto de origen: en el desarrollo de una adicción por parte del individuo.

CONSIDERE, ADEMAS...

¿ES LA ADICCION UN FENOMENO CREADO POR LA PROPIA SOCIEDAD...?

Tratar de encontrar una causa generalizada al por qué cada día es mayor el número de personas en el mundo que desarrollan adicción a determinadas sustancias químicas es bastante difícil. No obstante, algunos investigadores consideran que "la adicción es un fenómeno mucho más frecuente en los países altamente industrializados y en los centros urbanos", considerando que los índices de adicción no son tan elevados en las regiones en vías de desarrollo y en las zonas rurales. Se trata de una generalización injusta que puede estar basada en estadísticas en las que no se hayan tomado en cuenta la densidad de población, por ejemplo... porque es evidente que los problemas de la adicción cada vez se expanden más, y en la actualidad pueden presentarse en cualquier lugar (desarrollado o no), y afectar a cualquier familia, sin importar cuál sea su nivel cultural, económico, o social.

Sí es una realidad que es muy posible que hayan factores externos que influyan en los problemas de adicción, y entre ellos es preciso mencionar los problemas económicos, sociales, y de alienación entre sectores de la población. En los Estados Unidos, por ejemplo, durante los años de la guerra de Viet Nam en la que estuvo involucrado ese país, se desarrolló un ambiente propicio para que la adicción a sustancias tóxicas proliferara. El país no estaba de acuerdo con una guerra que todos sabían que no llegaría a ser ganada, el nivel de estrés general era grande, el grado de irritabilidad era evidente, y todo esto pudo provocar que millones de personas quisieran satisfacer mediante el uso de las drogas su necesidad sicológica imperiosa de encontrar placer inmediato y neutralizar sus frustraciones.

Si a esto se une la disponibilidad de la droga, no es de extrañar que la adicción penetrara todas las capas de la sociedad norteamericana, un problema que —a pesar de los muchos esfuerzos que se han realizado para controlarlo— aún se mantiene vigente. No obstante, al hacer un análisis de este tipo, es igualmente preciso considerar a los millones de norteamericanos que sometidos a los mismos factores externos mencionados anteriormente, jamás se refugiaron en sustancias químicas para evadir sus problemas cotidianos, ni se volvieron adictos a las drogas.

¿QUE ES LA DEPENDENCIA?

Según la **Asociación Médica de los Estados Unidos:**

- **Dependencia es la confianza sicológica o física en personas o en drogas.**

El bebé, por ejemplo, depende naturalmente de los padres porque no se puede valer por sí mismo... aunque a medida que vaya creciendo, esa dependencia irá disminuyendo progresivamente hasta que llegue a ser un individuo absolutamente independiente. No obstante, algunas personas no experimentan esa evolución natural hacia la autosuficiencia, y —debido a ello— continúan demandando constantemente de otros amor excesivo, admiración, y ayuda.

El alcohol y las drogas (tales como el opio y sus derivados, las anfetaminas, y los tranquilizantes) pueden llegar a inducir en el ser humano que los consume un estado de dependencia física o emocional. Al volverse dependiente a estas sustancias, la persona puede desarrollar síntomas físicos (sudoraciones y dolores abdominales, por ejemplo) o inquietud emocional si se le priva del acceso a las sustancias hacia las cuales haya desarrollado dependencia. El patrón de dependencia de una persona varía según la droga y su propia personalidad.

¿QUE ES LA PERSONALIDAD
DE UN INDIVIDUO?

De nuevo, la definición de la **Asociación Médica de los Estados Unidos** es sencilla: "la suma de los rasgos, hábitos y experiencias de la persona... y en ella influyen cuatro factores fundamentales: el temperamento, la inteligencia, las emociones, y la motivación".

- **El concepto del temperamento** se origina de los cuatro humores tradicionales, de acuerdo con los cuales los individuos se podían clasificar en cuatro grupos básicos: coléricos, melancólicos, sanguíneos, y flemáticos. Esta división refleja las diferencias en la naturaleza de los seres humanos, y en la rapidez de sus respuestas ante los estímulos. Por ejemplo, algunas personas se irritan fácilmente, mientras que otras muestran una placidez natural más arraigada y reaccionan más lentamente y con menos intensidad ante el mismo estímulo.
- **La inteligencia** define la capacidad de asimilación de conocimientos por el individuo.
- **Las emociones** describen sentimientos, lazos de unión hacia otras personas, conceptos morales.
- **La motivación** representa las aspiraciones de la persona en la vida.

El desarrollo de la personalidad depende de la interacción de dos factores elementales:

- **La herencia**; es decir, las cualidades con las que nace el individuo; y
- **el medio ambiente**... las experiencias personales que va acumulando la persona en la vida, las cuales afectan su manera de pensar y su comportamiento.

Ahora bien, hay condiciones que hacen que el individuo no aprenda debidamente de las experiencias que vive y que no se adapte adecuadamente a los cambios, lo cual hace que no pueda funcionar normalmente en el ambiente social en el cual se desarrolla. Estas personas sufren de lo que en Siquiatría se conoce como "trastornos de la personalidad", cuyos síntomas son más evidentes casi siempre en aquellos períodos en que los niveles de estrés son más elevados.

En general se puede considerar que los *trastornos de la personalidad* no constituyen una enfermedad, y casi siempre son identificables durante los años de la adolescencia, aunque si no son debidamente tratados pueden continuar manifestándose durante toda la vida, provocando frecuentemente estados de ansiedad y depresión. Algunas personas logran identificar que tienen problemas con respecto a su personalidad; en otros casos, en cambio, no sucede así, y estos individuos por lo general culpan a factores externos (mala suerte, el daño que le hacen otros, etc.) de sus fracasos constantes en la vida. En muchas ocasiones, estas personas que sufren de *trastornos de la personalidad* desarrollan adicción a determinadas sustancias, porque en ellas encuentran una forma de escapar a una realidad a la cual no son capaces de enfrentarse.

¿Qué pueden hacer? Por supuesto, en la actualidad hay tratamientos efectivos para controlar los *trastornos de la personalidad.* Uno de ellos es la *sicoterapia individual,* a la cual no todos los pacientes se someten voluntariamente, pero que en muchos casos puede evitar que la persona desarrolle dependencia en las drogas. También el *sicoanálisis* es efectivo, ya que permite que el individuo haga modificaciones en su personalidad al comprender los factores que han podido causar su inadaptación emocional al medio en que se desenvuelve. En casos severos, los especialistas pueden considerar el uso de determinados *medicamentos químicos.*

CAPITULO 22

EL CEREBRO
NO ENVEJECE...
¡PERO DE USTED DEPENDE
QUE SE MANTENGA
ACTIVO A MEDIDA QUE
AVANZA EN EDAD!

Son muchos los mitos que se han creado con respecto a la vejez! Por ello, no es extraño que nos preocupemos ante la posibilidad de perder nuestras facultades mentales a medida que vamos avanzando en años. Sin embargo, las investigaciones más recientes de la Ciencia demuestran que todos esos conceptos que por años nos han aterrado, no tienen fundamento científico alguno. ¡Manténgase al tanto de los resultados de los estudios más recientes en este sentido!

A medida que avanzamos en edad y consideramos que nos estamos aproximando a esa etapa de la vida que llamamos "vejez" (y que muchos, más considerados, denominan "la tercera edad"), es inevitable que comiencen a surgir preocupaciones de todo tipo en el ser humano:

- Las mujeres, naturalmente, se preocupan por las arrugas, por la disminución en los niveles de estrógeno en el organismo, y por los efectos que la deficiencia de calcio (todas consecuencias de la edad) puedan provocar en sus cuerpos.
- Los hombres, indudablemente, se preocupan básicamente por la posibilidad de que su potencia sexual se vea afectada, aunque las encuestas llevadas a cabo en las últimas dos décadas igualmente revelan que la imagen física es, también, un factor importante en ese proceso de envejecimiento irreversible que no puede ser detenido.

Sin embargo, si a estas personas que ya se enfrentan a la vejez se les pidiera que dejaran a un lado la vanidad y que realmente consideraran el factor que más les preocupa, no hay duda de que la inmensa mayoría mencionaría la posibilidad de perder la capacidad intelectual (como la memoria), y la habilidad para pensar. De manifestarse cualquiera de estos dos síntomas que igualmente asociamos con el término "vejez", muchas personas consideran que se convertirán en verdaderos vegetales y que, por lo tanto, la vida realmente no valdría la pena. Son éstos los temores realmente arraigados en muchas personas que ya comienzan a pensar en esa "tercera edad", aunque pocas veces se mencionan. Y es precisamente de estos temores tan divulgados que han surgido una serie de mitos que sin duda alguna agravan las angustias de millones de seres humanos que se enfrentan a los años plagados de incertidumbres y ansiedades.

Afortunadamente, la Ciencia ha demostrado que la mayoría de esos conceptos tan divulgados son absolutamente falsos. Si algunos se cumplen, ello ocurre solamente en unas cuantas personas y se deben a causas que no siempre están asociadas al paso inexorable de los años. ¡Veamos!

MITO No. 1
"LA VEJEZ PROVOCA LA PERDIDA DE LAS FACULTADES MENTALES"

El concepto de que "a medida que vamos avanzando en años vamos perdiendo progresivamente nuestras facultades mentales", es falso. Se trata de un mito que ha sido analizado y estudiado por prestigiosos neurólogos y científicos a nivel internacional durante muchos años, comprobándose que:

• La pérdida de las funciones mentales no es un proceso inevitable en el ser humano, ni se presenta forzosamente en todos los individuos, una vez que los mismos llegan a la vejez, por muy avanzada que ésta sea.

Para demostrar esta teoría, durante una serie de investigaciones realizadas los especialistas enfrentaron a grupos de ancianos con grupos de jóvenes y les presentaron problemas idénticos que deberían resolver: por ejemplo, memorizar listas de palabras o estudiar grupos de fotografías que, después de contempladas durante un cierto plazo de tiempo, debían ser recordados o colocadas nuevamente en su orden preciso. Los resultados de estas pruebas demostraron que:

• Tanto los jóvenes como las personas de edad más avanzada cometían errores más o menos similares; asimismo, las equivocaciones de los ancianos no eran más numerosas o frecuentes que las de los más jóvenes.

No obstante, los estudios realizados para determinar si se produce o no algún deterioro en las facultades mentales de las personas de edad más avanzada demuestran que —como regla general— a los 50 años sí pueden comenzar a producirse algunos cambios menores en la capacidad del cerebro, los cuales varían notablemente de un individuo a otro. Sin embargo, la mayoría de las personas de 50 años (o más) que participaron en estas pruebas no experimentaron variación alguna en su capacidad mental, y mantuvieron de manera estable su habilidad mental durante los años subsiguientes, en los que se repitieron nuevamente los estudios.

El **Doctor Douglas Powell** —prestigioso Sicólogo de la **Universidad de Harvard** (Estados Unidos), quien ha estudiado intensamente los posibles cambios que se pueden producir en la actividad mental de las personas de más edad— tomó una muestra de 1,583 personas entre las edades de 25 y 92 años, y las sometió por igual a una serie de pruebas de operaciones matemáticas, de comprensión de la lectura, y de estabilidad de los conocimientos adquiridos; es decir, abarcó una gama muy amplia de actividades cerebrales que podían ser afectadas por la edad (de acuerdo con los conceptos antiguos). No obstante, los resultados demostraron que:

- **Entre el 25% y el 30% de las personas de mayor edad mostraban tener procesos mentales tan ágiles y eficientes como los de los más jóvenes.**

"Inclusive aquellos individuos de más edad que no lograron una evaluación alta, mostraron un declive tan moderado en sus facultades mentales que el mismo podría ser considerado imperceptible; en ninguna forma este declive podría afectar sus actividades cotidianas.

Expresándolo de una manera más gráfica: la única diferencia —en lo que respecta a sus facultades mentales— entre una persona de 30, 40 ó 75 años es el número de velitas que tendría que poner en la torta de cumpleaños", menciona el Dr. Powell. Más interesante aún: "Entre aquéllos que mostraron tener procesos mentales tan ágiles como los de un joven de 20 años, se hallaban muchos ancianos entre los 80 y los 90 años de edad... y varios de ellos fueron los que más altamente calificaron en las evaluaciones realizadas".

El Dr. Powell ha estado realizado estos estudios para detectar cualquier síntoma posible de deterioro en la capacidad mental de las personas de más edad durante los últimos treinta y cinco años, siguiendo muy de cerca a 6,000 personas cuya edad actual ya permite que sean clasificados dentro de la categoría de ancianos. Hasta el momento, todas sus investigaciones demuestran que las personas mantienen intactas sus facultades mentales, sin mostrar deterioro alguno, hasta aproximadamente los 70 años de edad, cuando se manifiestan lo que el Dr. Powell considera que son "variaciones moderadas que oscilan en intensidad y frecuencia entre un individuo y otro". Sin embargo, de los 6,000 ancianos que el

Dr. Powell continúa sometiendo a pruebas periódicamente, 1,500 de ellos disfrutan actualmente de sus facultades mentales plenas, sin señal de deterioro alguno.

Otros investigadores consideran que:

• Estas variaciones en el ligero nivel de deterioro que puede existir entre un anciano y otro pueden deberse a otros factores que no tienen para nada que ver con la edad, como pueden ser el nivel de educación, el estilo de vida más o menos estimulante que la persona pueda haber llevado, el observar hábitos rutinarios muy precisos, e inclusive el estar casado con un cónyuge inteligente.

Si bien estos factores influyen en cualquier deterioro mental que la persona pueda desarrollar a partir de una edad determinada, aún es preciso determinar cómo y por qué es que esos factores afectan el cerebro en un momento determinado.

MITO No. 2
"CUANDO ENVEJECEMOS, LO PRIMERO QUE SE PIERDE ES LA MEMORIA"

De acuerdo con la literatura popular sobre temas médicos, "lo primero que empieza a desaparecer con el tiempo es la memoria, debido a que se supone que cada año mueren alrededor de 100,000 *neuronas* (células nerviosas) donde se almacenan las memorias de toda una vida". Este es un falso concepto generalizado y, también, uno de los más arraigados, además de que es uno de los que aterra a mayor número de personas. Para investigar este asunto, el **Doctor Gerald Fishbach** (Neuro-biólogo de la **Universidad de Harvard**, en los Estados Unidos) comenzó a emplear un sistema revolucionario para contar las células del cuerpo humano, comprobando que:

• En determinados casos las *neuronas* pueden disminuir de tamaño o quedar pasivas ("como durmientes", las describe el Dr. Fishbach), pero no llegan a morir masivamente. Tampoco pasan a ese estado de pasividad durmiente como muchos especialistas han considerado por años.

Por lo tanto:

• **Está científicamente comprobado que no es cierto que todos los años el ser humano pierda aproximadamente 100,000 neuronas.**

En todo caso, la memoria subsiste... pero el acceso a ella puede volverse más lento. En efecto, la tecnología actual que ha permitido estudiar todas estas cuestiones demuestra que la mente funciona como una especie de computadora eficientísima en la que se van almacenando los datos en diversas áreas del cerebro, del mismo modo que en la computadora se guardan los trabajos en discos. Estos datos no se borran ni deterioran con el transcurso de los años, pero al haber un mayor número de ellos, es muy posible que el acceso a la informacion tome un poco más de tiempo que en los años de la juventud, cuando la persona aún no tenía mucho que recordar.

Todo el que tiene una computadora también ha podido comprobar fácilmente que, a medida que se le van añadiendo más programas al sistema central, el acceso a los mismos se va volviendo más lento. Lo mismo ocurre en el cerebro de una persona de más edad que siempre se mantuvo intelectualmente activa: con el tiempo ha continuado incorporando información a su cerebro, la cual ha quedado debidamente almacenada. Al haber un volumen mayor de información, es natural que el acceso a la misma pueda tardar un poco más. No obstante:

• En ningún momento el cerebro se deteriora o interrumpe su capacidad de almacenamiento de información; en todo caso, cada día se va ampliando esa capacidad, además de que los procesos mentales se van sofisticando para cada vez ser más eficientes.

Los científicos se debaten con respecto a la edad en que pueden comenzar a presentarse pequeños problemas o interrupciones en todo este proceso maravilloso. Algunos consideran que:

• A los 20 años ya se detectan las primeras interrupciones en los procesos mentales.
• Otros sugieren los 40 años de edad —como promedio— para estas variaciones.
• La mayoría coincide en que no se produce declive alguno en la actividad cerebral hasta después de los 60 ó 65 años de edad; al menos, no se presentan cambios que puedan afectar en forma alguna el funcionamiento del individuo en el medio en que se desenvuelve.

Cuando la habilidad mental llega a su punto culminante, y lo supera, la memoria no se afecta en forma alguna. En todo caso, pueden presentarse ciertas dificultades mínimas con respecto a la llamada **memoria del espacio** (el no encontrar el automóvil que fue dejado en el área de estacionamiento; el salir por una puerta diferente a la que se entró en una tienda; etc.), y las mismas comienzan a manifestarse a partir de la década de los 40 años. No obstante, a pesar de estos "pequeños olvidos" que indudablemente causan incertidumbre, hay elementos en la memoria que permanecen inalterables, como son la **memoria de procedimiento** (la habilidad que desarrollamos alguna vez en la vida para andar en bicicleta, para tejer, para hablar un idioma, etc.).

Pero aun cuando la memoria pudiera ser afectada ligeramente por el proceso del envejecimiento del cuerpo, los científicos están de acuerdo en que esta posible "pérdida de la memoria" no debe ser considerada anormal y, por lo tanto, puede ser tratada exitosamente. Así, los neurólogos de la **Universidad de Harvard** han comprobado que:

- En determinados casos el cerebro cesa en algún momento en la producción de una hormona que está íntimamente relacionada con los procesos de la memoria (la *acetilcolina),* lo mismo que puede suceder con muchas otras sustancias.

En situaciones de este tipo, tratando la deficiencia que pudiera presentarse es muy posible que los procesos del cerebro con respecto a la memoria puedan reactivarse normalmente.

MITO No. 3
"SI NO UTILIZA SU CEREBRO, EL MISMO SE ATROFIA"

De todos los mitos que se han desarrollado en torno a cómo la edad afecta la capacidad mental del ser humano, es posiblemente éste el único que tenga ciertos rasgos de verdad. Las investigaciones al respecto revelan que:

- Si por pereza, o por no considerarlo importante, dejamos de ejercitar nuestras facultades mentales, las mismas se irán atrofiando y progresivamente se producirá un deterioro en nuestras facultades de pensamiento.

Este es el motivo por el que a veces puede ser peligroso soñar con una jubilación en la que no haya ninguna actividad que hacer (excepto contemplar el paisaje), ya que "no pensar", definitivamente, atrofia el funcionamiento del cerebro.

Igualmente, es por este motivo que la persona que va avanzando en edad debe considerar con sumo cuidado cuáles son las actividades a las que se dedicará una vez que se jubile. Los estudios y análisis estadísticos también demuestran que si el individuo se aficiona a una actividad única, la falta de variedad en sus actividades mentales le irá provocando un entumecimiento de la mente similar a la que produce el ocio. Por ello, lo fundamental (como medida preventiva del deterioro mental) es considerar diversos temas de interés, actividades distintas, que realmente nos complazcan y que nos obliguen a pensar, y dedicarnos a ellas para mantenernos mentalmente activos en todo momento.

Asimismo, es muy importante lograr un equilibrio emocional adecuado a medida que vamos avanzando en años, y evitar todos los elementos en nuestra vida que nos puedan producir estados de ansiedad y estrés. Los estudios sugieren que las emociones negativas (depresión, ira, envidia, ansiedad, etc.) afectan la memoria progresivamente. ¿Motivo? Aumenta el nivel de *adrenalina* en el cuerpo, y esta hormona daña químicamente a las *neuronas* y con el tiempo puede llegar a afectar al cerebro.

MITO No. 4
"¡SI NO SOMOS SALUDABLES, EL CEREBRO NO FUNCIONA EN FORMA OPTIMA!"

Es evidente que la salud ayuda considerablemente a que la persona de más edad continúe interesándose por todo lo que ocurre a su alrededor, lo cual lo ayuda a mantener alerta y activo su cerebro. También es obvio que los ejercicios contribuyen notablemente a mantener el cuerpo en perfectas condiciones físicas, incluyendo al cerebro. Lo peligroso —como repetían los griegos de la Antigüedad–– es la exageracion. Es decir, si un anciano hace esfuerzos fisicos superiores a los que le permite el estado total de su cuerpo, en lugar de mantenerlo sano, lo perjudicará. No obstante, de acuerdo con un grupo importante de especialistas (entre los que se encuentra **Timothy Salthouse**, prestigioso autor de varios libros sobre Gerontología):

- En contra de la opinión de muchos, cualquier deterioro físico que pueda experimentar el cerebro a medida que pasan los años es totalmente independiente del nivel de salud del individuo.

Desde luego, hay una serie de trastornos de la salud que sí están directamente relacionados con el posible declive mental del ser humano, y entre los mismos se encuentran la diabetes, la obesidad, las enfermedades del corazón, y la hipertensión (o presión arterial elevada). No obstante, tampoco se ha podido comprobar hasta el presente que esas condiciones provoquen el deterioro mental en el individuo, ya que hay muchos pacientes afectados por estas enfermedades y que, sin embargo, mantienen sus facultades mentales en condiciones óptimas.

MITO No. 5
"LAS PERSONAS DE MAS EDAD NO PUEDEN COMPETIR CON LAS MAS JOVENES... SU HABILIDAD NO ES LA MISMA"

En su esencia, este mito dice que "un anciano no puede competir con una persona más joven en su capacidad para aprender"... y éste es otro falso concepto que ha podido ser rebatido por el **Doctor Rapoport**, Director del **Departamento de Ciencias Neurológicas del Instituto Norteamericano de Problemas del Envejecimiento**. Entre las pruebas que ha realizado el Dr. Rapoport para llegar a sus conclusiones se halla el análisis comparativo del modo en que un anciano y un joven resolvían un problema que involucraba regiones del cerebro que posiblemente pudieran estar afectadas en el anciano por el paso de los años. En otras palabras: el anciano se hallaba en franca desventaja física ante el joven, y era preciso demostrar si esta desventaja también afectaba al cerebro. No obstante, el Dr. Rapoport pudo comprobar que el cerebro del anciano, al enfrentarse con el problema, activó otras áreas diferentes de su cerebro para suplir aquéllas que los años habían deteriorado. ¿Resultado de estos estudios? Tanto el joven como el anciano superaron igualmente airosos la misma prueba.

Este experimento, a pesar de lo sencillo que pudiera parecernos a simple vista, tiene una gran importancia. Se trata de un hecho alentador especialmente para aquéllos que han conseguido prolongar sus vidas debido a los formidables adelantos de la Medicina, y que se han visto amenazados de que esas vidas, si bien serán más largas, resultarán menos útiles o interesantes. Con las investigaciones del Dr. Rapoport se ha podido determinar que:

* **El cerebro posee la extraordinaria capacidad para repararse a sí mismo; aun en aquellos casos en que no es posible la reparación, puede recurrir a otras áreas que han quedado intactas con el paso de los años para continuar aprendiendo, razonando, y recordando.**

Asimismo, el cerebro puede aprender de nuevo, con lo cual se evita lo que hasta ahora se consideraba que era el declive irreversible de las facultades mentales. Las investigaciones más recientes que se han realizado al respecto permiten afirmar que cuando a una persona de más edad se le proporciona el entrenamiento adecuado para estimular su capacidad de razonamiento y memorización, su capacidad mental mejora hasta en un 40%.

MITO No. 6
"LOS JOVENES SON MAS
LISTOS QUE LOS ANCIANOS"

En muchas culturas, los ancianos son respetados por los conocimientos que han acumulado durante sus vidas, y se les considera inclusive más capacitados que los jóvenes para razonar y aconsejar. La Biblia está llena de casos de ancianos que llegaron a ser legendarios por su sabiduría, y entre ellos se encuentra el Rey Salomón, considerado como uno de los jueces más estrictos y justos que ha conocido la Humanidad... precisamente por la experiencia acumulada con los años. El Refranero Español incluye una frase popular que con frecuencia escuchamos" "Mientras más viejo, ¡más sabio!". Y, en efecto, los estudios para determinar la relación entre *la sabiduría* y *la ancianidad* demuestran que:

• La persona que ha vivido más años ha tenido una mayor oportunidad de acumular experiencias y de aprender más, y por lo tanto puede considerarse que "sabe más" (en el concepto amplio de la expresión, partiendo de la base de que el término "sabiduría" equivale a "expe-riencia en los aspectos fundamentales de la vida").

Las investigaciones en este sentido son sumamente interesantes. Por ejemplo, se les ha pedido a grupos de jóvenes y de personas de más edad que sugieran cómo actuarían ante diferentes problemas cotidianos de mayor o menor importancia, y en las respuestas de los ancianos siempre se han encontrado elementos de más sensatez y responsabilidad (sabiduría) que en los comentarios impulsivos de los más jóvenes, muchas veces fuera de toda objetividad.

Consecuentemente, sabemos que muchas personas de más edad compensan cualquier deterioro mental que puedan experimentar con la experiencia. Otro ejemplo: en pruebas realizadas para determinar la velocidad con la que un mecanógrafo joven puede copiar un documento, comparando su habilidad con la de una persona ya mayor, se ha podido determinar que este último compensa cualquier falta de destreza en sus movimientos leyendo y reteniendo en la mente un mayor número de palabras en el documento que está copiando, que el joven. ¿Resultado? Aunque el joven tenga más velocidad (porque sus facultades motoras son más ágiles), el tiempo para copiar el documento es aproximadamente el mismo entre el joven y el anciano.

CONSIDERE, ADEMAS...

¿QUE PUEDE HACER USTED PARA MANTENER ACTIVAS SUS FACULTADES MENTALES?

Si está avanzando en edad (digamos que tiene más de 40 años) y comienza a preocuparse por la posibilidad de que sus facultades mentales se afecten con el tiempo, siga estas recomendaciones:

- **Nutra a su cerebro con una amplia variedad de actividades.** Actualmente hay infinidad de actividades que estimulan el cerebro y que a la vez activan el aprendizaje y la retención de la información que vamos acumulando. Pero no se aficione únicamente a una o dos; disfrute del máximo que pueda. La variedad también lo ayudará a mantener una mente ágil porque le devolverá la curiosidad que a veces se va perdiendo con los años.

- **¡Sea flexible!** No se empecine en hacer las cosas como las ha hecho siempre, simplemente porque antes le dieron los resultados positivos que esperaba. Pruebe nuevos modos y métodos de hacer las cosas. ¡Hasta los métodos de aprendizaje han ido variando con los años! No se aferre a memorizar... ¡ni siquiera las tablas de multiplicar! Use su computadora para explorar mundos nuevos; saber investigar y obtener la información que se necesita en un momento dado es lo que cuenta en esta época de alta tecnología que estamos viviendo.

- **Busque la calma y la tranquilidad que quizás le faltaron en sus años de lucha por abrirse paso en la vida.** Ya no hay necesidad de competir en todo momento, porque no tiene que llegar a ninguna meta especial. Considere que su único y mejor objetivo deberá ser aprovechar lo interesante que puede descubrir cada día, y hacerlo con entusiasmo, casi como si se tratara de un juego mental.

- **Expanda sus horizontes.** Las nuevas experiencias estimulan el cerebro. Por lo tanto, resista la tentación de acomodarse a una rutina, aunque ésta le resulte confortable.

- **Busque una causa, ¡y defiándala!** Entusiásmese por aquellas cosas en las que realmente crea. El ser humano siempre debe tener un propósito en la vida, y está comprobado que quien vive únicamente porque no tiene otra alternativa, va perdiendo progresivamente su capacidad mental.

- **¡Camine!** Un ejercicio tan sencillo como caminar puede estimular la actividad de su cerebro.
- **Aliméntese en una forma equilibrada.**
- **Mantenga el control de sus emociones en todo momento.** El sentir estados de incertidumbre y ansiedad provocan la apatía mental, y el deterioro de sus facultades mentales.
- **Entable nuevas amistades.** Las buenos amigos proporcionan nuevas experiencias, las cuales constituyen un excelente estímulo para la actividad mental.
- **Enfréntese, con decisión, a las situaciones más difíciles.** Esto constituye un excelente ejercicio para el cerebro, al cual forzará usted a buscar alternativas diferentes para resolver un mismo problema. No obstante, evite las situaciones que generen en usted estrés y ansiedad; está comprobado que las hormonas que el cuerpo humano elabora cuando se halla ante una situación de estrés, pueden dañar la actividad cerebral.